图灵程序设计丛书

U0277923

白话
深度学习的数学

[日] 立石贤吾 著 郑明智 译

人民邮电出版社

北 京

图书在版编目（CIP）数据

白话深度学习的数学 ／（日）立石贤吾著 ；郑明智
译. -- 北京 ：人民邮电出版社，2023.11
（图灵程序设计丛书）
ISBN 978-7-115-63008-7

Ⅰ．①白… Ⅱ．①立… ②郑… Ⅲ．①机器学习
Ⅳ．①TP181

中国国家版本馆CIP数据核字(2023)第202416号

内 容 提 要

　　本书通过想要学习深度学习的程序员绫乃和她朋友美绪的对话，逐步讲解深度学习中实用的数学基础知识。内容涉及神经网络的结构、感知机、正向传播和反向传播，以及卷积神经网络。其中，重点讲解了容易成为学习绊脚石的数学公式和符号。同时，还通过实际的 Python 编程实现神经网络，加深读者对相关数学知识的理解。

　　本书适合对深度学习感兴趣、想要从事深度学习相关研究，但是对深度学习和神经网络相关数学知识感到棘手的读者阅读。

◆ 著　　　　[日] 立石贤吾
　　译　　　　郑明智
　　责任编辑　高宇涵
　　责任印制　胡　南

◆ 人民邮电出版社出版发行　　北京市丰台区成寿寺路 11 号
　　邮编 100164　电子邮件 315@ptpress.com.cn
　　网址 https://www.ptpress.com.cn
　　固安县铭成印刷有限公司印刷

◆ 开本：880×1230　1/32
　　印张：11　　　　　　　　2023 年 11 月第 1 版
　　字数：349 千字　　　　　2025 年 2 月河北第 5 次印刷
　　著作权合同登记号　图字：01-2021-1418 号

定价：69.80 元
读者服务热线：(010)84084456-6009　印装质量热线：(010)81055316
反盗版热线：(010)81055315

版 权 声 明

前 言

　　"人工智能"（AI）这个词，与"深度学习算法"和"神经网络"一起得到了人们的广泛关注。它听起来像是一个很了不起的东西，但想必没有多少人能够具体地想象出它能做什么，又会如何改变我们的生活。

　　近年来，深度学习，或者说神经网络的框架、库、数据集、训练环境和文档等资源越来越丰富，人们可以很容易地尝试使用它们，再加上困难和复杂的部分被很好地隐藏了起来，所以人们即使不知道神经网络内部的运行原理，也能轻松地实现它。不过，笔者认为最好还是了解其内部原理，因为了解基础知识有助于实际应用，也能让我们更容易地想象出神经网络作为人工智能可以应用在哪些领域。

　　本书的读者对象是刚开始对神经网络感兴趣，并想具体了解其内部原理的程序员。通过阅读本书的出场人物——对神经网络充满好奇的绫乃、熟知神经网络的美绪和正在学习神经网络的勇雅——之间的对话，读者将揭开神经网络的神秘面纱，并和他们一起学习下去。由于本书旨在帮助读者从数学的角度来理解神经网络，所以与许多面向初学者的书不同，本书中有很多数学表达式，但通过书中人物之间的对话，大家自然就能理解这些数学表达式，所以在阅读时请不要害怕，慢慢来。

　　至于从本书学到了基础知识后将要采取什么行动，取决于各位读者。神经网络的发展日新月异，它在众多领域硕果累累。本书并不是学习的终点，希望各位读者能够进一步思考神经网络的价值和应用领域，并将其付诸实践。

　　接下来，就让我们与绫乃、美绪和勇雅一起开始神经网络的学习之旅吧。

立石贤吾

2019 年 7 月

出场人物介绍

绫乃

　　正在学习神经网络的程序员，在工作中使用神经网络的机会越来越多。做事很认真，偶尔会得意忘形。24岁，很喜欢吃点心。

美绪

　　从大学时就是绫乃的朋友。大学的专业是计算机视觉。不会拒绝绫乃的请求。也喜欢吃甜食。

勇雅

　　绫乃的弟弟。读理科的大学四年级学生。正在学习计算机科学的课程，将来想成为从事机器学习相关工作的程序员。

各章概要

第1章　神经网络入门

本章将从"神经网络与其他机器学习算法的区别"开始介绍什么是神经网络。然后，利用图形和简单的数学表达式介绍神经网络的结构，以及它能做什么。

第2章　学习正向传播

本章将介绍构成了神经网络的简单算法"感知机"，说明它是如何进行计算的。我们将以判断图像大小的问题为例，学习从输入值到输出值按照顺序进行计算的"正向传播"。

第3章　学习反向传播

本章将介绍如何为神经网络求得合适的权重和偏置。为了尽可能地减小误差，可以使用微分来更新权重和偏置，但这种正面解决问题的方法，其计算量非常大。为了简化计算，我们要使用"误差反向传播法"。

第4章　学习卷积神经网络

在了解了神经网络的基本结构后，我们将学习如何使用卷积神经网络处理图像。本章将介绍卷积神经网络特有的结构和计算方法，以及权重和偏置的更新方法。

第5章　实现神经网络

我们将基于在前几章中学到的神经网络的计算方法，使用 Python 进行编程。本章将使用第 2 章和第 3 章介绍的基本神经网络来判断图像大小，使用第 4 章介绍的卷积神经网络实现手写数字的识别。

附录

这里补充了没能在正文中介绍的数学基础知识、搭建 Python 开发环境的方法，以及 Python 和 NumPy 的用法简介。具体内容包括求和符号、微分、偏微分、复合函数、向量和矩阵、指数与对数、Python 环境搭建、Python 基础知识和 NumPy 基础知识。

目录

第1章	神经网络入门	1
1.1	对神经网络的兴趣	2
1.2	神经网络所处的位置	4
1.3	关于神经网络	6
1.4	神经网络能做的事情	13
1.5	数学与编程	20
专栏	神经网络的历史	23

第2章	学习正向传播	29
2.1	先来学习感知机	30
2.2	感知机的工作原理	32
2.3	感知机和偏置	35
2.4	使用感知机判断图像的长边	38
2.5	使用感知机判断图像是否为正方形	41
2.6	感知机的缺点	44
2.7	多层感知机	48
2.8	使用神经网络判断图像是否为正方形	52
2.9	神经网络的权重	55
2.10	激活函数	66
2.11	神经网络的表达式	69
2.12	正向传播	74
2.13	神经网络的通用化	80
专栏	激活函数到底是什么	83

目录

第 3 章	学习反向传播	89
3.1	神经网络的权重和偏置	90
3.2	人的局限性	92
3.3	误差	95
3.4	目标函数	100
3.5	梯度下降法	107
3.6	小技巧：德尔塔	119
3.7	德尔塔的计算	130
	3.7.1 输出层的德尔塔	130
	3.7.2 隐藏层的德尔塔	134
3.8	反向传播	141
专栏	梯度消失到底是什么	145

第 4 章	学习卷积神经网络	151
4.1	擅长处理图像的卷积神经网络	152
4.2	卷积过滤器	154
4.3	特征图	162
4.4	激活函数	165
4.5	池化	167
4.6	卷积层	168
4.7	卷积层的正向传播	176
4.8	全连接层的正向传播	186
4.9	反向传播	190
	4.9.1 卷积神经网络的反向传播	190

目 录

4.9.2	误差	192
4.9.3	全连接层的更新表达式	197
4.9.4	卷积过滤器的更新表达式	201
4.9.5	池化层的德尔塔	205
4.9.6	与全连接层相连的卷积层的德尔塔	207
4.9.7	与卷积层相连的卷积层的德尔塔	212
4.9.8	参数的更新表达式	217

专栏　交叉熵到底是什么　221

第 5 章　实现神经网络　227

5.1	使用 Python 实现	228
5.2	判断长宽比的神经网络	229
	5.2.1　神经网络的结构	232
	5.2.2　正向传播	234
	5.2.3　反向传播	239
	5.2.4　训练	244
	5.2.5　小批量	250
5.3	手写数字的图像识别与卷积神经网络	255
	5.3.1　准备数据集	257
	5.3.2　神经网络的结构	263
	5.3.3　正向传播	266
	5.3.4　反向传播	278
	5.3.5　训练	286

专栏　后话　297

目 录

附　录	A.1	求和符号	302
	A.2	微分	303
	A.3	偏微分	307
	A.4	复合函数	310
	A.5	向量和矩阵	312
	A.6	指数与对数	316
	A.7	Python 环境搭建	319
	A.8	Python 基础知识	322
	A.9	NumPy 基础知识	330

第1章

神经网络入门

你最喜欢的是芝士蛋糕。

绫乃对深度学习产生了兴趣，
来找她的朋友美绪商量。
鉴于绫乃对深度学习几乎一无所知，
美绪只好从头开始向她解释。
既没有复杂的数学表达式，也不编写代码，
我们也一起来学习一下什么是深度学习吧！

1.1 | 对神经网络的兴趣

 我最近对深度学习很感兴趣，想学学看。

 所以你来找我商量？

 是的，因为美绪你擅长数学呀！之前你教过我机器学习的数学，很好懂。

 你这样说我很开心。

 所以我想请你再教教我。美绪，你熟悉深度学习吗？

 我学过深度学习的基础知识，做过计算机视觉方面的研究，也创建过几次深度学习模型用于研究。

 不愧是美绪啊！我总能听到别人讨论深度学习，所以想趁现在学会它。

 深度学习，或者说神经网络，现在确实很热门。

 是呀是呀！深度学习也叫神经网络吗？这个词好像经常和 AI 啊人工智能啊这些词一起出现。

 绫乃，你想使用神经网络做什么呢？

 这个嘛，AI 这个词非常有未来感，让我非常兴奋，所以我想做点东西出来，什么都行。

呃……其实，思考自己想做什么，或者说目的是什么，也很重要呀。

嘿嘿，我一直是这样子的啦。

不过，你那股学习的热情我有感受到呢。你已经开始学习神经网络了吗？

还没正式开始学。刚想好好学习的时候，数学表达式就出现了，所以我也就只是在网上查了查而已。

明白了。那你对神经网络了解多少呢？

我读到的介绍说，它模仿了人脑的功能。

嗯，这是常见的介绍。

剩下的我就不太明白了。我只知道它很厉害，能干很多事情。

也就是说，你对神经网络几乎一无所知？

这……这么说也对。其实，我连神经网络和深度学习到底是不是一回事都不太清楚。

那我们先大致了解一下什么是神经网络，还有它和深度学习的区别是什么，好吗？

太好了！不愧是美绪。我去拿一下红茶和点心，你要吗？

要！

1.2 神经网络所处的位置

我先画了一张概览整体的图（图1-1）。

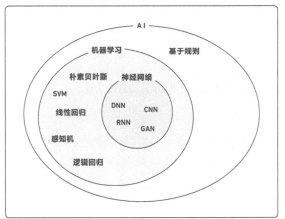

图 1-1

图中这个整体就是 AI，你找找看，神经网络在其中的哪个位置？

原来它是机器学习的一个领域啊。

你了解线性回归、感知机和逻辑回归吗？神经网络和它们一样，都是机器学习的算法。

原来是这样！我还以为神经网络是全新的东西呢。

神经网络的历史相当古老。它和其他机器学习算法一样，可以解决回归和分类问题。

神经网络最近非常流行，所以我还以为它是最新的创新性技术呢。

还记得回归和分类吗？

回归是处理连续值的，对吧？例如，它可以根据过去的股价预测未来的股价和它的走势（图1-2）。

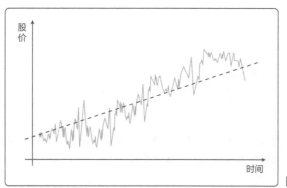

图 1-2

分类处理的不是连续值，而是诸如"将邮件分类为垃圾邮件或非垃圾邮件"之类的问题（表1-1）。

邮件内容	是否为垃圾邮件
辛苦啦！下个周日我们去玩吧……	×
加我为好友吧。这里有我的照片哟！http://…	○
恭喜您赢得夏威夷旅游大奖……	○

表 1-1

我理解得对吗?

完全正确!

但如果只是解决回归和分类问题的话,神经网络和我以前学过的算法不就没什么区别了吗?

神经网络拥有其他算法所没有的特点。为了了解这个特点,我们首先来看看神经网络的结构,边看边思考这个特点是什么。

1.3 | 关于神经网络

就像你一开始所说的,神经网络模仿的是人脑的功能,而人脑是由被称为神经元的细胞组成的。

神经元……我们的脑袋里有这样的细胞?

我想是的。我对人脑功能的了解也不多,所以也不知道神经元到底是怎么回事。

哦。既然美绪你都不知道,那说明神经元本身并不重要。

对神经元不必过于深究,重要的是如何以数学形式来表示它。你见过这样的图吗(图 1-3)?

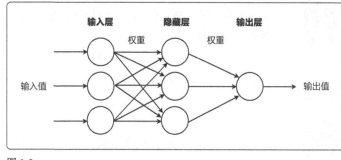

图 1-3

 神经网络常被表现为这种图，圆形代表神经元，它有时也被称为**单元**。

 我经常看到这样的图。图中有很多箭头从圆形部分出来，连接到其他的圆形部分。

 它展示的是输入值向右前进，经过由单元组成的层，并被赋予权重，最终输出值的流程。

 我大概理解了从左到右前进的流程，但还是无法想象哪些值是输入、哪些值是输出，它们还是很抽象。

 我们看一个简单的例子吧，比如下面这个（图 1-4）。

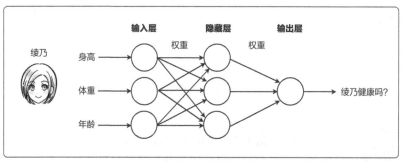

图 1-4

这是一个神经网络的例子，它可以根据绫乃你的身高、体重和年龄判断你是否健康。

 哦，懂了！把我的信息给它，我们就能知道我的健康状况了。

 当然，给神经网络的信息可以是任何人的，我的也行（图 1-5）。

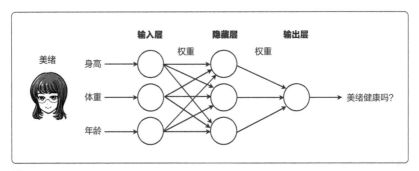

图 1-5

 在神经网络中，单元之间的每个连接都带有叫作**权重**的数值，这些值是衡量信息的重要性或相关性的指标。

 权重表示的是"人的身高和健康没什么关系""老年人比年轻人免疫力低下，更容易生病"之类的信息，对吗？

 没错，这只是个简化后的例子。

 哇……感觉就像是医院里为我们看病的医生一样。

 的确。现实生活中医生在诊断的时候，也是基于患者的各种信息的重要性和相关性来进行综合判断的。

那要使用神经网络，首先需要确定权重，对吧？

对的，但在一开始是不知道最合适的权重的。因此，要灵活运用机器学习去求权重。

哦，这时候要用到机器学习了。

我们想想现实生活中医生是怎么做的。当一个人刚成为医生的时候，在评估患者的健康状况时，他还不能很好地把握什么信息是重要的、哪些信息之间是相关的、相关度是多少，等等。

医生只有在看过不同病人的案例，积累了经验，形成了直觉之后，才能正确地进行诊断。这个过程就和学习权重的过程类似。

哦，懂了。

可以说，神经网络就是单元之间互相连接而形成的，为了学习单元之间的权重，就要使用机器学习。

不过，回到医生的话题，我想不管医生多么有经验，只看身高、体重和年龄还是不能判断患者是否健康的吧？

当然了。我在刚才的例子中只是随意地选择了我想到的信息，实际要考虑到其他各种各样的因素。

在评估健康状况时，体温和血压应该比身高和体重更有用。

是的，有了这类信息会更容易做出判断。

那把身高和体重的输入值替换为体温和血压？

输入值并不是只能有 3 个哦，可以像下面这样增加（图 1-6）。就是线多了，看起来乱糟糟的……

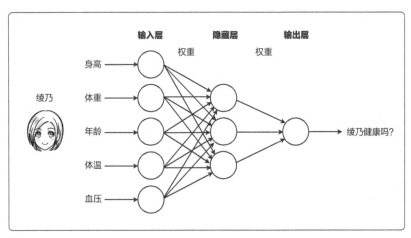

图 1-6

原来，只要是看起来有用的信息，都能一起放进去呀。

输入值添加多少个都行，想加就加。

太赞了，原来添加多少个都行呀！

不光是输入值，正中间的隐藏层的单元数量也可以随意更改。

这样啊，那比如……改成 5 个（图 1-7）？全是线，有点乱……

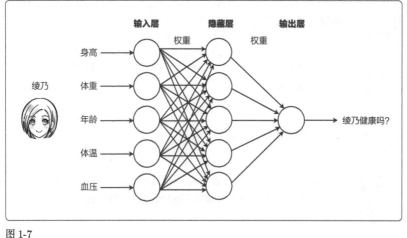

图 1-7

没问题的。实际应用中连接的单元数更多，图上都画不下，多的有 100 个，甚至 1000 个。

那么大的神经网络……简直无法想象。

还有，除了单元的数量以外，我们还可以自由地增加层的数量（图 1-8）。

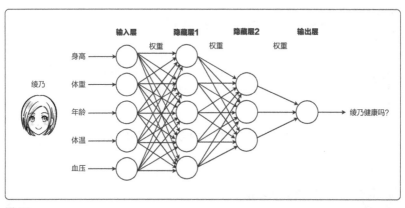

图 1-8

那就变得更复杂了…….

放多少个层，每层放多少个单元，这些涉及神经网络结构的设置由开发者自行决定。

原来可以自由地改变各种设置呀。

刚才我们增加了层数，像这样不断地增加层，使网络越来越深而形成的神经网络，就叫作**深度神经网络**，有时简称为 DNN。

明白了，也就是说，它是深层的神经网络。

学习这种深层的神经网络的权重，就叫作**深度学习**，或者**深层学习**。

我懂了，原来是这么回事。

你也可以把这个过程理解为是在训练深层的神经网络。

层的数量和单元的数量越多越好吗?

也不能这么说。结构越复杂，学习的过程就越需要大量的数据，也越花时间，这样很多方面就得另辟蹊径。

哦，太复杂也不行。那神经网络的结构如何确定呢?

这就需要不断试错了。

听起来很麻烦呀。

说起神经网络的结构，其实单元之间的连接方式也是可以更改的。当然，不是说可以完全胡来。**卷积神经网络**就是一个典型，它是通过更改单元的连接方式而形成的。

你是说，单元的连接方式也是神经网络结构的一部分吗？这样网络岂不是更加复杂了？

现在不用想得那么复杂。只要能想象出神经网络是什么样的，就足够了。

现在，我恐怕还不能完全理解网络的内部结构，不过大概知道神经网络是什么样的了。

这就可以了。我们现在的目标就是大概理解神经网络哦。

1.4 神经网络能做的事情

前面聊到神经网络能够解决回归和分类的问题，现在我们更具体地去了解一下吧。

在神经网络中，输入值在单元中流转，并被赋予权重，最终输出某个值，这个流程你理解了吧？

嗯。我突然想到，根据给定的输入值求得输出值的处理有点像数学里的函数呀。这么想，对吗？

你看，数学的函数可以写成类似于 $f(x)=y$ 的样子，对吧？将输入值 x 传给函数 $f(x)$，最终得到输出值 y，我觉得这和神经网络很像呀。

绫乃，你发现了重点！我也正准备说这个呢，所以才讨论了输入值和输出值的问题。

是……是吗？

虽然神经网络的层数和单元数不同，它的结构也就不同，但从整体来看，神经网络实际上是一个大函数。

也就是说，神经网络实际上就是一个函数 $f(x)$？

没错，正如你所说，神经网络实际上就是一个函数 $f(x)$。函数可以用数学表达式表示，这个后面再细说，我们先看看 $f(x)$ 具体干了什么。

嗯，好呀好呀！我觉得我对神经网络的了解越来越多了，真不错。

对于判断一个人是否健康的神经网络，假如学习的结果是输出实数，那就相当于解决回归问题（图 1-9）。

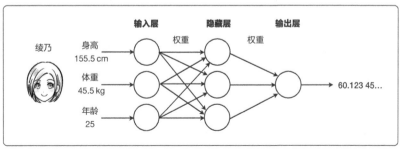

图 1-9

嗯，数值越高越健康，这么解释没错吧？

 没错，这个值可以称为健康指数，这样就好理解了（图 1-10）。

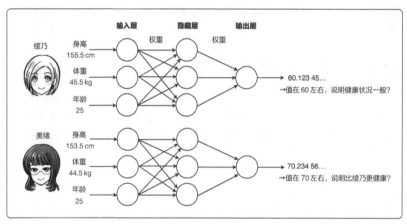

图 1-10

 也就是说，这个神经网络基于我们的身高、体重和年龄预测出健康指数，这个指数是连续值。

 此时，将我们的信息传给 $f(x)$，它将返回一个连续值。

$f($ 绫乃的身高, 绫乃的体重, 绫乃的年龄 $) = 60.123\,45\dots$

$f($ 美绪的身高, 美绪的体重, 美绪的年龄 $) = 70.234\,56\dots$ (1.1)

 有了这个具体的例子，就很好理解了。

这是使用神经网络解决回归问题的一个例子。

分类问题也可以用 $f(x) = y$ 的形式解决吗?

可以,下面我们就思考一下解决分类问题的神经网络。

比如分为"健康"和"不健康"的分类问题?

对的。对于这样的二元分类问题,可以把它当作回归问题的拓展,通过设置输出值的阈值来判断类别。比如,当健康指数为 50 及 50 以上时,分类为"健康"。但是,如果分类的类别是 3 个及 3 个以上,该怎么办呢? 你想一想。

类别有 3 个呀……具体是什么类别呢?"健康""不健康"和"无法判断(需进一步检查)"?

对对,就是这样的。对于这种要分类为 3 个结果的问题,我们可以像这样把输出层的单元数量增加到 3 个(图 1-11)。

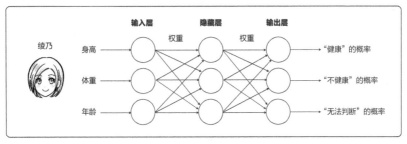

图 1-11

由于输出的是概率,所以我们需要保证输出层的 3 个单元输出的数值之和为 1。

你的意思是,选择 3 个单元的输出值中概率值最大的类别作为分类结果吗?

是的。比如，假设神经网络输出了这样的结果，我们就可以很容易地看出应该分到哪个类别（图 1-12）。

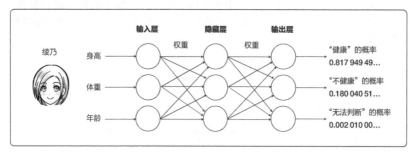

图 1-12

"健康"的概率 81.7% 是最大的值，这就说明我是健康的？

没错。

和回归的情况不一样，现在有多个输出，还能用 $f(x) = y$ 的形式表示函数吗？

对于这种情况，我们可以考虑让输出值为向量。

$$f(\text{绫乃的身高, 绫乃的体重, 绫乃的年龄}) = \begin{bmatrix} 0.817\,949\,49\cdots \\ 0.180\,040\,51\cdots \\ 0.002\,010\,00\cdots \end{bmatrix} \quad (1.2)$$

我明白了。那么，在解决 3 个及以上类别的分类问题时，我们只要将输出层的单元数增加到与类别数一样就行了，而输出值将是一个元素数与类别数相同的向量。

嗯，在多数情况下基本是这样解决的。

我们到现在还没有谈到图像，神经网络也可以用于图像吧？

神经网络当然也可以用于图像，比如对图像中的内容进行分类。这种情况下，基本上都要把输入的个数增加到与图像中的像素数一样（图 1-13）。

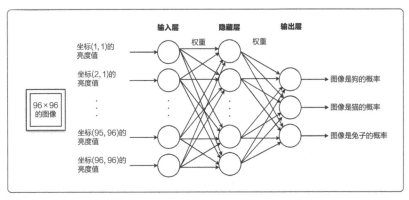

图 1-13

$$f(\text{亮度值}_{(1,1)}, \cdots, \text{亮度值}_{(96,96)}) = \begin{bmatrix} \text{图像是狗的概率} \\ \text{图像是猫的概率} \\ \text{图像是兔子的概率} \end{bmatrix}$$

(1.3)

亮度值是指以灰度图形式存储的图像的亮度。由于这个例子中的输入图像的大小是 96 × 96，所以亮度值一共有 9216 个。

哇，9216 个输入……太厉害了，可 96 × 96 的图像似乎没有那么大啊。

在多数情况下我们是把图像的各像素作为输入的，所以输入层的大小自然就变大了。如果图像是彩色的，那么输入就是各像素的 RGB 值，输入层就会是现在的 3 倍。

这样的话，即使是 96 × 96 的图像，神经网络的输入也会有近 30 000 个……

要想实用一些，规模这样大的神经网络还是稀松平常的哟。

原来这种网络是很常见的呀。

创建过这样的网络之后就会习惯了。

也许吧……

抛开回归和分类不谈，假如我们训练一个神经网络，使之能够输出 96×96 个亮度值的输出层……你猜会怎样？

啊，会怎样？

会输出灰度图像。不过，这样的神经网络实际会更复杂，比如会像图 1-14 这样。

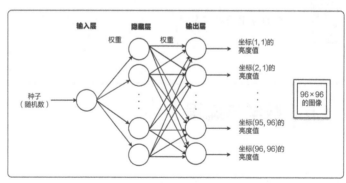

图 1-14

$$f(种子) = \begin{bmatrix} 亮度值_{(1,1)} \\ \vdots \\ 亮度值_{(96,96)} \end{bmatrix} \tag{1.4}$$

输入层的种子是什么呀？

这个种子相当于图像的种子。随便给神经网络一个随机数，神经网络就会输出一张图像。只要想办法训练出这样的神经网络，它就能像这样输出图像。

呃，我还是不太懂……

这里我想说的是，神经网络不仅可以用于解决回归和分类问题，还可以用于生成性任务。

生成性任务？就是像这个例子一样，根据种子生成图像的任务吧？

对，这只是一个例子而已。

神经网络能做的事情很多嘛。

它的应用场景很多呢。

1.5 | 数学与编程

要想学习神经网络，肯定需要掌握一些数学知识吧？

最好对概率、微分和线性代数有初步的了解。

好的。之前复习过，现在又忘了……唉，不用就忘啊！

绫乃你是理科毕业的，我觉得不用太担心。

嗯，但我还是担心啊，又要从头开始学习这些知识了。

有时间的话，复习一下也好，不过并不需要多么难的数学知识。

那我就找时间来复习一下基本知识。

嗯！哪怕来不及全部复习，碰到不懂的地方查一查，也能跟上的。

碰到这种情况，还得请你停下来教教我。

没问题。

太好了!

绫乃你很擅长编程，对吧?

当然了。我还在运营自己的 Web 服务呢。我觉得我的编程能力是超过你的哦!

嗯，说到编程我就甘拜下风了……

Python 语言很适合用于机器学习的开发呀，它的库也很丰富。

嗯，Python 很容易学习。当然，用 C、Ruby、PHP 和 JavaScript 之类的语言也能实现。

哪种语言都可以。对于有编程经验的人来说，它们大同小异。

说得是呢，那编程方面就完全不用担心了。

呀，红茶已经凉了。今天就先到这里吧。

下次我们再聊些更具体的内容吧。

嗯，非常期待！

神经网络的历史

 绫姐，你最近总在计算机前忙什么呢？编程吗？

 我在学习神经网络呢。

 原来在学这个呀。我在大学里也正好在上神经网络的课。

 现在的大学还有这样的课程呀！真羡慕你呢，勇雅。

 我就是这个专业的嘛。而且，现在也有很多在线课程，神经网络相关的图书也出版了不少，只要愿意，谁都可以学。

 嗯，真是赶上了好时候呀。

 对了，既然绫姐正好在学习神经网络，那我就跟你说说我上次课上听到的故事？

 什么故事？

 关于神经网络寒冬期的故事。

第1次寒冬期

 我在课上学了神经网络的历史。神经网络现在很流行，但它刚出来的时候并不那么受欢迎。

 这个我刚好也搜到过！

 是嘛，那咱们就有得聊了。

 我已经从朋友那里知道了神经网络是什么，但我还想知道它是如何普及开来的，所以我查了查。

 哦，那你知道神经网络的原型是什么吗？

 是感知机吧？

 对。这个想法最早出现在 20 世纪 50 年代，人们觉得它很厉害，于是它就流行开来了。当时有很多针对感知机的研究。

 我在文章中也读到过，但好像是由于只能解决简单的问题等缺点，所以人们慢慢就不关注它了，对吧？

 对。世界上大多数问题还是很复杂的呀，所以光靠感知机，实际应用效果并不好，人们也就对它失去了兴趣。

 既然不能解决复杂的问题，为什么大家不继续努力研究，好让它能解决复杂的问题呢？

其实，当时也有人认为可以将感知机组合起来，也就是使用神经网络来解决复杂问题。

 我就说嘛。

 但是，他们虽然知道如何训练单个感知机，却不知道如何高效地训练由感知机组合而成的神经网络，很是苦恼。

 原来神经网络的概念本身，很早就有了啊……当时存在很多困难吧？

 是呢，于是神经网络就进入了第 1 次寒冬期。

 第 1 次？

第 2 次寒冬期

 那段寒冬期持续了一段时间，到了 20 世纪 80 年代，人们发现神经网络在理论上可以用一种叫作误差反向传播的方法进行训练。

 既然能够训练了，那这段寒冬期就结束了吧？

 虽然这段寒冬期结束后感知机又一度流行开来，但也不过是暂时的，仍有难题没有得到解决。

 这次又是什么难题呢？

能用于训练神经网络的数据实在是太少了。

这是理论改进前就存在的问题吧?

除此之外,虽然大型神经网络在理论上可以被训练,但在实践中,由于梯度消失问题 * 的存在,往往不能很好地训练。

哦,原来即使方法都懂,也不能保证成功呀。

于是,第 2 次寒冬期就开始了。

神经网络的发展也真是曲折呀。

哈哈,没错。

这段寒冬期持续了多久呀?

进入 21 世纪,互联网开始普及,大量的数据唾手可得,神经网络才又得到了人们的关注,一直到今天。

原来是这样呀,互联网太强大了!

---

* 请参阅第 3 章的专栏。

还要感谢那些在寒冬期依然努力研究的人，是他们改进了技术，让神经网络变得能解决各种技术难题。

 得益于这些，才有了神经网络现在的繁荣，对吧？

 没错。不过，虽然神经网络现在很流行，但我们不知道它是否还会经历寒冬期。

 从你讲的这段历史来看，神经网络的发展真是一波三折啊。

 是的。讲这些并不是要让你感到不安，我就是想和人分享一下我听到的故事。

 我听说，神经网络最近开始被投入实际的应用了。我认为神经网络本身是有用的，所以学习它不算浪费时间。

 那就好。学习要加油哦。

 你也要加油哦。

第 2 章

学习正向传播

绫乃将要从"感知机"开始学起。
这种算法能够解决从两个选项中选择一个答案的问题。
假设给感知机一张图像,
让它判断这张图像是纵向的还是横向的,
感知机实际会进行什么样的计算呢?
让我们和绫乃一起逐一思考各个数学表达式吧。

2.1 | 先来学习感知机

 今天我想学一学神经网络的理论知识。

 要学习神经网络，最好先从感知机开始学起。

 嗯。这是一个经常在机器学习入门课程中出现的简单算法。

 作为入门算法，它很有名呢。例如，它可以解决这些简单的二元分类问题。

> - 当输入是图像时，对图像是"纵向"还是"横向"进行分类
> - 当输入是颜色时，对颜色是"暖色"还是"冷色"进行分类

 嗯嗯。而且，感知机算法是神经网络的起源，对吧？

 哟！绫乃懂得很多呀。

 现在有互联网呀，多方便！那天你跟我说了神经网络之后，我就在网上查了查。

 原来如此，非常积极主动嘛。那感知机是不是就不用讲了？

 啊，不，别误会……

哈哈哈，放心，我会认真讲的。

一涉及理论知识，就要碰到数学了，我想和你一起学习。而且，我只是简单地查了查……

我猜也是这么回事。（笑）

那是，我一碰到数学就没有学习的劲头了，而且关键是，美绪你教得很好。

话都说到这个份儿上了，就没什么表示吗？

我买了马卡龙，吃吗？

吃！

那我就先谢谢你啦！

真拿你没办法。

2.2 | 感知机的工作原理

和神经网络一样，感知机也有示意图（图2-1），你见过这样的图吗?

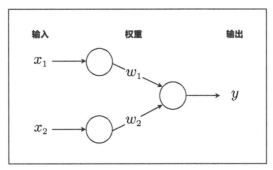

图 2-1

嗯，经常见到。它和神经网络很像呀。

是的。图2-1中有两个输入 x_1、x_2，还有与每个输入相应的权重 w_1、w_2。w 是权重的英语 weight 的首字母。

输出 y 是什么？会输出什么值呢？

在感知机中，是把相同下标的输入和权重相乘，然后把乘积相加，根据得到的结果是大于还是小于或等于某个阈值输出 1 或 0，这个输出就是 y。

$$y = \begin{cases} 0 & (w_1x_1 + w_2x_2 \leqslant \theta) \\ 1 & (w_1x_1 + w_2x_2 > \theta) \end{cases} \tag{2.1}$$

也就是说，当 $w_1x_1 + w_2x_2 \leqslant \theta$ 时，$y = 0$；反之，当 $w_1x_1 + w_2x_2 > \theta$ 时，$y = 1$？

是的，这就是感知机的工作原理，不难吧?

一看到字母和数学表达式，我就觉得难了……

它的数学表达式里只有加法和乘法，最终的输出也只是 0 或 1 而已，所以不要把它想得太难啦。

一下子出了这么多字符，我不由得就害怕了。

也可以用求和符号写成这样，更简洁一些。

$$y = \begin{cases} 0 & \left(\sum\limits_{i=1}^{2} w_i x_i \leqslant \theta \right) \\ 1 & \left(\sum\limits_{i=1}^{2} w_i x_i > \theta \right) \end{cases} \tag{2.2}$$

哇，求和符号出现了……对我来说反而更复杂了。

感知机的输入和权重通常用列向量来表示，也就是这样的向量。

$$\boldsymbol{x} = \begin{bmatrix} x_1 \\ x_2 \end{bmatrix}, \quad \boldsymbol{w} = \begin{bmatrix} w_1 \\ w_2 \end{bmatrix} \tag{2.3}$$

然后，我们就可以使用向量的内积，像这样来简化数学表达式。

$$y = \begin{cases} 0 & (\boldsymbol{w} \cdot \boldsymbol{x} \leqslant \theta) \\ 1 & (\boldsymbol{w} \cdot \boldsymbol{x} > \theta) \end{cases} \tag{2.4}$$

哇，这个看起来好简单！

字符也少了。

表达式 2.1、表达式 2.2 和表达式 2.4 都是一个意思吗?

是呀。表达式 2.4 使用了向量的内积，而向量的内积其实是各元素相乘后的和，所以它本质上与表达式 2.1 和表达式 2.2 是相同的。

$$\boldsymbol{w} \cdot \boldsymbol{x} = \sum_{i=1}^{n} w_i x_i \tag{2.5}$$

我们现在探讨的例子中，$\boldsymbol{w}$ 和 $\boldsymbol{x}$ 各有两个元素，所以表达式 2.5 中的 n 是 2，没错吧?

$$\sum_{i=1}^{2} w_i x_i = w_1 x_1 + w_2 x_2 \tag{2.6}$$

嗯，对的。

写法好多呀。

最终结果都是一样的，只是写法不同而已，不要为不同的写法感到困惑。

2.3 | 感知机和偏置

我再补充说说阈值 θ。把表达式 2.4 的 θ 的位置移动一下，就变成这样了，对吧？

$$y = \begin{cases} 0 & (\boldsymbol{w} \cdot \boldsymbol{x} - \theta \leqslant 0) \\ 1 & (\boldsymbol{w} \cdot \boldsymbol{x} - \theta > 0) \end{cases} \tag{2.7}$$

就是把阈值 θ 移动到左边？

这种情况下，常用 $b = -\theta$ 将表达式改成这样。

$$y = \begin{cases} 0 & (\boldsymbol{w} \cdot \boldsymbol{x} + b \leqslant 0) \\ 1 & (\boldsymbol{w} \cdot \boldsymbol{x} + b > 0) \end{cases} \tag{2.8}$$

这里的 b 叫作偏置，取自英语 bias 的首字母。

偏置……这个表达式变形我是懂的，不过，继续用 θ 不好吗？

把不等号的右侧固定为 0，我们就可以把它理解为"如果 $\boldsymbol{w} \cdot \boldsymbol{x} + b$ 的值大于 0，感知机输出 1"。

嗯，好吧……这样还只是直接用文字介绍表达式的意思吧？

但这样想之后，我们就可以说 b 是控制感知机输出 1 的难易度的偏移量了。

什么意思？抱歉，我有点搞不懂了。

比如我们先考虑 $b = 0$ 的情况。$b = 0$，也就意味着偏置不存在。

$$y = \begin{cases} 0 & (\boldsymbol{w} \cdot \boldsymbol{x} \leqslant 0) \\ 1 & (\boldsymbol{w} \cdot \boldsymbol{x} > 0) \end{cases} \tag{2.9}$$

在这种情况下，如果 $\boldsymbol{w} \cdot \boldsymbol{x}$ 不为正，感知机就不会输出 1；反过来说，如果 $\boldsymbol{w} \cdot \boldsymbol{x}$ 是 0 或负数，感知机将输出 0。

嗯，的确如此。

那这次思考一下 $b = 100$ 的情况。

$$y = \begin{cases} 0 & (\boldsymbol{w} \cdot \boldsymbol{x} + 100 \leqslant 0) \\ 1 & (\boldsymbol{w} \cdot \boldsymbol{x} + 100 > 0) \end{cases} \tag{2.10}$$

在这种情况下，即使 $\boldsymbol{w} \cdot \boldsymbol{x}$ 是负数，但只要这个值大于 -100，那么左边整体也还是正数，所以感知机将输出 1。

是不是说，感知机输出 1 的范围扩大了"偏置 b 的值"那么大？

没错。咱们用图来表示（图 2-2-A 和图 2-2-B），是不是更好理解了？

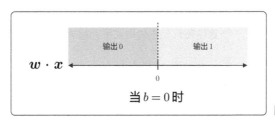

图 2-2-A

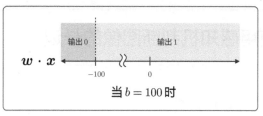

图 2-2-B

从图中可以看出与当 $b = 0$ 时相比，当 $b = 100$ 时，输出 1 的范围更广。

原来控制偏移量是这么回事。也就是说，偏置越大，感知机输出 1 的范围越广，对吧？

是的。顺便提一下，偏置的英语 bias 本身就包含"偏移"的意思，用它来表示这个项非常合适。

我明白了。的确，比起单纯地看是否超过了阈值，这样解释好像更容易被人接受。

后面我们就不用阈值 θ，而是使用偏置 b 了哦。

嗯。不过，我虽然学了内积，也学了偏置，但是光给我看图 2-1 和表达式 2.8，我还是不懂感知机到底是什么……

因为前面讲的东西还是太抽象了。下面思考一个具体的例子吧，我想会增进你的理解。

好呀！什么样的例子呢？

我会出一个简单的问题，以这个问题为例，我们一起去思考感知机内部是如何进行计算的。

2.4 | 使用感知机判断图像的长边

我们使用这个例题吧。

> 向感知机输入图像，让感知机判断图像是纵向的还是横向的。

假设 x_1 是图像的宽，x_2 是图像的高（图 2-3）。

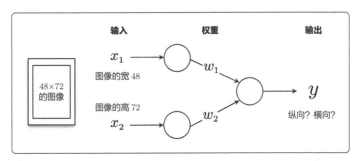

图 2-3

从图中也能看出来，两个输入值分别是这样的。

$$x_1 = 48$$
$$x_2 = 72 \qquad (2.11)$$

嗯，明白，那权重 w_1、w_2 的值是什么呢？

对于权重和偏置，实际上需要模型通过训练来找到它们的最佳值。这里，我们先使用这些值。

$$w_1 = 1$$
$$w_2 = -1$$
$$b = 0 \qquad (2.12)$$

哦，原来还得确定偏置的值。我先把这些值汇总一下。

$$\boldsymbol{x} = \begin{bmatrix} 48 \\ 72 \end{bmatrix}, \quad \boldsymbol{w} = \begin{bmatrix} 1 \\ -1 \end{bmatrix}, \quad b = 0 \tag{2.13}$$

实际上，像这样设置权重和偏置的话，当感知机输出 0 时，分类结果是"纵向"，输出 1 时，分类结果是"横向"。

是吗？你是怎么知道的呢？

这个问题很简单的，所以我早就知道结果啦。你算算看，当 $x_1 = 48$、$x_2 = 72$ 时，y 实际等于多少？只是代入，应该不难。

那先计算 $\boldsymbol{w}$ 和 $\boldsymbol{x}$ 的内积……

$$\begin{aligned} \boldsymbol{w} \cdot \boldsymbol{x} &= \sum_{i=1}^{2} w_i x_i \quad \text{……内积的算式} \\ &= w_1 x_1 + w_2 x_2 \quad \text{……展开求和符号} \\ &= (1 \times 48) + (-1 \times 72) \quad \text{……代入值} \\ &= 48 - 72 \quad \text{……整理算式} \\ &= -24 \end{aligned} \tag{2.14}$$

也就是说，$\boldsymbol{w} \cdot \boldsymbol{x} = -24$。由于已决定偏置 $b = 0$，所以输出的表达式是这样的。

$$y = \begin{cases} 0 & (-24 \leqslant 0) \\ 1 & (-24 > 0) \end{cases} \tag{2.15}$$

这次的结果符合 $-24 \leqslant 0$ 的情况，所以最终会输出 $y = 0$，对吗？

嗯，正确！

按你刚才说的，$y = 0$ 意味着这种情况被分类为"纵向"了。的确，48×72 的图像是纵向的。

你可以再实际计算几个另外的例子试试。

我这就试试（表 2-1）。

图像大小	x_1	x_2	w_1	w_2	b	$w \cdot x$	y	分类
48×72	48	72	1	-1	0	$1 \times 48 + (-1 \times 72) = -24$	0	纵向
140×45	140	45	1	-1	0	$1 \times 140 + (-1 \times 45) = 95$	1	横向
80×25	80	25	1	-1	0	$1 \times 80 + (-1 \times 25) = 55$	1	横向
45×90	45	90	1	-1	0	$1 \times 45 + (-1 \times 90) = -45$	0	纵向
25×125	25	125	1	-1	0	$1 \times 25 + (-1 \times 125) = -100$	0	纵向

表 2-1

虽说又是权重又是内积的，但我仔细看了看 $w \cdot x$ 的计算，其实，它只是通过计算图像的宽和高的差来判断它们中的哪个值更大而已。嗯，看起来，这样做的确能够正确分类。

就像我刚才说的，权重和偏置本来应该是通过训练得出的，这里把它们作为已知的值，利用它们进行具体的计算，应该会加深你对感知机的理解。

是的，实际动手尝试是很重要的。不过，这让我不禁好奇如何去训练权重和偏置了。

这就涉及训练的方法了。不过，咱们还是先再聊些感知机的话题吧。下面让我们看看感知机的缺点 *。

* 笔者的前作《白话机器学习的数学》一书中介绍了感知机的训练方法，请感兴趣的读者参考。

缺点？对了，是不是它只能解决简单的问题？

 嗯。那么，什么样的问题是"简单的问题"，什么样的问题又是"不简单的问题"呢？我们一边比较，一边看一些具体的例子吧。

 不简单的问题……是什么样的问题呢？

2.5 | 使用感知机判断图像是否为正方形

 你说的"不简单的问题"，是不是那些看起来很难的问题？比如，"识别图像中是否有人脸"之类的问题？

 这样就一下子变得太难了。我设想的"不简单的问题"是这样的。

> 向感知机输入图像，让感知机判断图像是否为正方形。

 啊？这个问题也太简单了吧。

 但是，感知机并不能解决这个问题呢。

 还有这种事？

 我们同样设 x_1 是图像的宽、x_2 是图像的高（图 2-4）来思考一下这个问题。

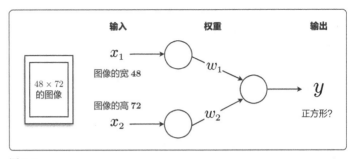

图 2-4

与表达式 2.8 一样，y 是根据内积和偏置的值来输出的 0 或者 1，这一点不要忘记哦。

$$y = \begin{cases} 0 & (\boldsymbol{w} \cdot \boldsymbol{x} + b \leqslant 0) \\ 1 & (\boldsymbol{w} \cdot \boldsymbol{x} + b > 0) \end{cases} \tag{2.16}$$

像之前一样，直接计算宽和高的差，看它是否正好为 0，不就行了吗？

那就用几个例子实际算算看吧。嗯……比如将这 4 张图像作为输入传给感知机。

$$\boldsymbol{x}_a = \begin{bmatrix} 45 \\ 45 \end{bmatrix}, \quad \boldsymbol{x}_b = \begin{bmatrix} 96 \\ 96 \end{bmatrix}, \quad \boldsymbol{x}_c = \begin{bmatrix} 35 \\ 100 \end{bmatrix}, \quad \boldsymbol{x}_d = \begin{bmatrix} 100 \\ 35 \end{bmatrix} \tag{2.17}$$

光看数值，可以知道 $\boldsymbol{x}_a$ 和 $\boldsymbol{x}_b$ 是正方形，$\boldsymbol{x}_c$ 和 $\boldsymbol{x}_d$ 不是正方形。

嗯，你说得没错。

由于我们要看的是宽和高的差，所以还用之前的权重和偏置值吧。

$$w = \begin{bmatrix} 1 \\ -1 \end{bmatrix}, \quad b = 0 \tag{2.18}$$

在这个前提下进行计算（表 2-2）。

图像大小	x_1	x_2	w_1	w_2	b	$w \cdot x$	y
45×45	45	45	1	-1	0	$1 \times 45 + (-1 \times 45) = 0$	0
96×96	96	96	1	-1	0	$1 \times 96 + (-1 \times 96) = 0$	0
35×100	35	100	1	-1	0	$1 \times 35 + (-1 \times 100) = -65$	0
100×35	100	35	1	-1	0	$1 \times 100 + (-1 \times 35) = 65$	1

表 2-2

哎，不对呀……

以上面的结果来说，不管是在 $y = 0$ 时把图像判断为"是正方形"，在 $y = 1$ 时判断为"不是正方形"，还是反过来，都没能正确分类。

是呀，虽然计算得到的差值的确是 0，但是 y 输出的又不是差值。

嗯。我们已经说过很多次了，感知机只输出 0 或 1，这取决于 $x \cdot w + b$ 的结果。

把感知机的表达式变成这样，就能分类了吧？

$$y = \begin{cases} 0 & (w \cdot x + b = 0) \\ 1 & (w \cdot x + b \neq 0) \end{cases} \tag{2.19}$$

这个表达式当然能够分类，但这是在知道正方形的特征的前提下创建的表达式，对吧？这个表达式虽然能用于判断正方形，但不能用于判断长边。如果这样做的话，岂不是每当要做什么判断的时候，我们都必须得想出新的表达式用于分类？

知道了数据的特征和规则，也就意味着用不着机器学习了。感知机只是机械地进行通过观察内积和偏置的符号来确定结果的任务，而数据的规则是未知的。

我明白了。这样说起来，正方形的判断和长边的判断本来就是无须利用感知机等机器学习的方法就能解决的问题。

是的。现在只是为了练习而举个简单的问题作为例子来解题而已。

但是，感知机之所以无法解决正方形判断的问题，不就是因为权重 w 和偏置 b 的值是错误的吗？如果感知机通过训练求出了正确的值，不就正确地解决问题了吗？

很遗憾，用感知机是解决不了的。

2.6 | 感知机的缺点

光看表达式是看不出什么的，为了更好地理解，我们来看一下图 2-5。

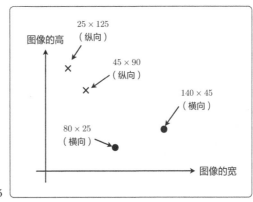

图 2-5

这是把我在表 2-1 中随便计算的那几张图像的尺寸画成图了吗?

是的。图中的 x 轴表示图像的宽,y 轴表示图像的高。

那黑色的圆代表横向的图像,叉号代表纵向的图像?

在这张图上,如果只画一条直线来将黑色的圆和叉号分开,该怎么画呢?

谁都会这样来画吧(图 2-6)?

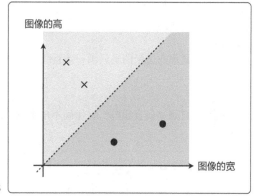

图 2-6

嗯,就是这样的。这样画线后,就能按横向和纵向分类了。这是感知机能够正确解决分类问题的状态。

即使使用表达式 2.13 的权重 $w = (1, -1)$ 和偏置 b,实际地手动计算一下,也能正确地分类嘛。

是的。其实,如果用图来表示这个权重和偏置,就如图 2-6 中平面上的线所示。

啊,确实是这样。

接下来是这张图（图 2-7 ）。

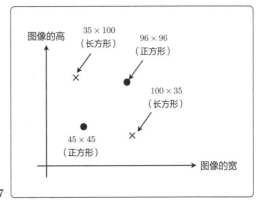

图 2-7

 这是把表 2-2 中的 "图像大小" 画成图了呀。

 我想在这张图里只画一条直线来把数据分开。绫乃，你会怎么画？

 只画一条直线吗？好像画不出来啊（图 2-8 ）。

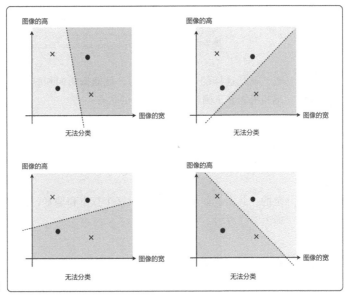

图 2-8

没错。在这个问题中，无法用一条直线进行分类。

用一条直线来分类果然不行呀。

感知机不能解决这种无法用一条直线分类的问题。

不管怎么调整权重 w 和偏置 b 都不能解决吗？

不能。

这样啊……

改变权重和偏置的操作，实际上与改变图中的直线是一回事。所以，如果一个问题从一开始就不能用直线来分类，那无论怎么调整权重和偏置，结果都是无法分类。

也就是说，对于感知机来说，能否用直线来分类是很重要的，对吧？

对。能够用直线来分类的问题叫作**线性可分问题**，不能用直线来分类的问题叫作**线性不可分问题**，这两个术语你最好记住（图 2-9）。

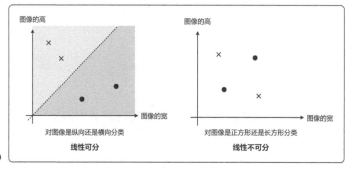

图 2-9

正如前面所说的，感知机只能解决线性可分问题，也就是我们在前面谈到的"简单的问题"。

这么说来，不能解决线性不可分问题，就是感知机的缺点吧？

没错。

2.7 | 多层感知机

不过呢，不能用直线来分类，并不意味着绝对不能区分正方形和长方形。

什么意思？

只要不拘泥于一条直线这个限制，就可以这样硬分（图 2-10）。

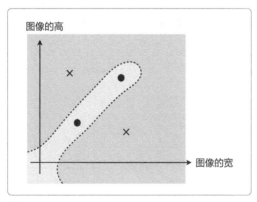

图 2-10

的确……是这样。

使用神经网络就可以画出这样的非直线的边界。

我明白了，轮到神经网络登场了。

终于能给你讲神经网络了。

铺垫可真长啊。

回忆一下我们一开始聊过的感知机吧。它可以表示为这样的形式（图 2-11）。

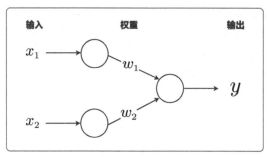

图 2-11

这种只有输入和输出的感知机叫作**单层感知机**。正如我们所看到的，这是一个非常弱小的模型，它只能解决所谓的线性可分问题。

原来这个是单层感知机呀。单层，听上去就很弱。

哈哈，的确如此，单层是非常弱的，所以我们来看看多层的感知机，比如这样的（图 2-12）。

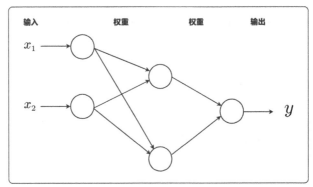

图 2-12

哇！和我见过的神经网络差不多呢。

我们可以看到输入值有多个分支，一个单元的输出是另一个单元的输入，再仔细观察，可以看出图中有 3 个感知机（图 2-13）。

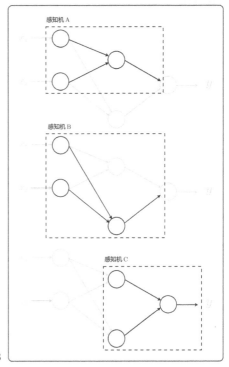

图 2-13

嗯，这样分开来展示很容易理解。

相对于单层感知机，这种感知机具有更多的由感知机单元组成的层，所以叫作**多层感知机**。

相对于单层的就是多层，简单明了，很好理解。

多层感知机正是神经网络。

刚才我听你说感知机可以组合，原来组合后就成了神经网络呀。

在英语中，神经网络也被称为 multilayer perceptron，从这两个单词的含义也可以知道，它就是感知机的叠加。

那可以把多层感知机和神经网络当作一回事吗?

它们是一样的。此外，图 2-12 这种由多个层构成，且每层的所有单元都由箭头连接起来的网络，有个专门的名字，叫作**全连接神经网络**，你最好记住这个名字。

使用这个网络，也能解决刚才的判断图像是否为正方形的问题吧?

是的。我们来看看实际是如何计算的吧。

嗯，我来试试看。

2.8 | 使用神经网络判断图像是否为正方形

 单元的数量和层的数量都增加了，那么计算也会更复杂吧？

 但是，只要依次计算感知机 A、B 和 C 就行了，所以不要想得太难。

 对哦。每个感知机都有自己的权重和偏置，只是最终输出 0 或 1 而已。

 没错。所以，我们使用一开始的计算单层感知机的方法就好。

 话说，不是得先确定每个感知机的权重和偏置吗？

 是的，我们来确定一下感知机 A、B 和 C 各自的权重和偏置吧。

$$\boldsymbol{w}_a = \left[\begin{array}{c} 1 \\ -1 \end{array} \right], \quad b_a = 0 \quad \text{……感知机 A 的权重和偏置}$$

$$\boldsymbol{w}_b = \left[\begin{array}{c} -1 \\ 1 \end{array} \right], \quad b_b = 0 \quad \text{……感知机 B 的权重和偏置} \qquad (2.20)$$

$$\boldsymbol{w}_c = \left[\begin{array}{c} -1 \\ -1 \end{array} \right], \quad b_c = 1 \quad \text{……感知机 C 的权重和偏置}$$

 用这些权重和偏置进行计算，如果输出是 1，则分类结果为正方形；如果输出是 0，则为非正方形。

我在刚才的图里加上权重和偏置了（图 2-14）。

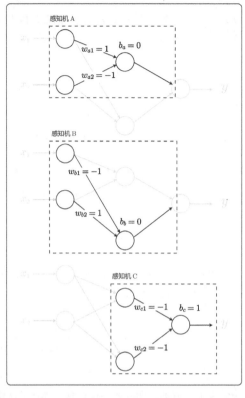

图 2-14

前面多次说过，权重和偏置本来应该是通过训练得到的值，我们现在只是在假设它们是已知的值的基础上进行探讨。我之所以知道正确的权重和偏置，只是因为现在的问题非常简单。

另外，再说一遍哦，不要忘了感知机的输出是像这样由权重和偏置来决定的。

$$y = \begin{cases} 0 & (\boldsymbol{w} \cdot \boldsymbol{x} + b \leqslant 0) \\ 1 & (\boldsymbol{w} \cdot \boldsymbol{x} + b > 0) \end{cases} \tag{2.21}$$

那么，使用表达式 2.20 中的权重和偏置，根据表达式 2.21 依次求出感知机 A、B 和 C 的输出 y，就行了吧？

用 45×45 的图像 $\boldsymbol{x} = (45, 45)$ 来试试吧。先从感知机 A 和 B 开始。

首先，直接计算内积和偏置，检查结果是否大于或等于 0。结果是这样的。

$$\boldsymbol{w}_a \cdot \boldsymbol{x} + b = (1 \times 45) + (-1 \times 45) + 0$$
$$= 45 - 45 + 0$$
$$= 0$$
$$\boldsymbol{w}_a \cdot \boldsymbol{x} + b \leqslant 0 \rightarrow y_a = 0 \quad \text{……感知机 A 的结果}$$

$$\boldsymbol{w}_b \cdot \boldsymbol{x} + b = (-1 \times 45) + (1 \times 45) + 0$$
$$= -45 + 45 + 0$$
$$= 0$$
$$\boldsymbol{w}_b \cdot \boldsymbol{x} + b \leqslant 0 \rightarrow y_b = 0 \quad \text{……感知机 B 的结果} \tag{2.22}$$

感知机 C 的输入是感知机 A 和感知机 B 输出的两个数值，这里将它们设为 $\boldsymbol{u}$ 并进行计算。

$$\boldsymbol{u} = \left[\begin{array}{c} y_a \\ y_b \end{array} \right] = \left[\begin{array}{c} 0 \\ 0 \end{array} \right] \tag{2.23}$$

好的。和刚才一样计算，得到了这样的结果。

$$\boldsymbol{w}_c \cdot \boldsymbol{u} + b = (-1 \times 0) + (-1 \times 0) + 1$$
$$= 0 + 0 + 1$$
$$= 1$$
$$\boldsymbol{w}_c \cdot \boldsymbol{u} + b > 0 \rightarrow y_c = 1 \quad \text{……感知机 C 的结果} \tag{2.24}$$

到这里计算就完成啦。也就是说，这个神经网络的最终输出是 1。

用你刚才的话说，也就是它被分类为正方形了。45 × 45 是正方形，那分类结果对了呀。

那再试一张横向的长方形，即 $x = (100, 35)$ 的图像吧。

计算方法是一样的吧？

$$\boldsymbol{w_a} \cdot \boldsymbol{x} + b = (1 \times 100) + (-1 \times 35) + 0 = 65 > 0 \qquad \rightarrow y_a = 1$$
$$\boldsymbol{w_b} \cdot \boldsymbol{x} + b = (-1 \times 100) + (1 \times 35) + 0 = -65 \leqslant 0 \qquad \rightarrow y_b = 0$$
$$\boldsymbol{w_c} \cdot \boldsymbol{u} + b = (-1 \times 1) + (-1 \times 0) + 1 = 0 \leqslant 0 \qquad \rightarrow y_c = 0 \quad (2.25)$$

这次神经网络的输出是 0，也就是分类为非正方形了吧？100×35 是横向的长方形，所以结果应该是正确的。

没错。通过改进，现在神经网络也能解决线性不可分的问题了。

仅仅是叠加了感知机而已，就能解决线性不可分的问题了，好神奇！

在这个问题中，由感知机 A 和 B 来判断图像是横向的还是纵向的，由感知机 C 综合 A 和 B 的结果来判断图像是否是正方形。更直观地说，就是结合多个条件判断来进行复杂的条件判断，这么说也许会更好理解。

原来是这么回事。虽然每个零件都很简单，但把它们组合到一起就可以做出复杂的东西来了。

现在，我们知道了如何计算神经网络，接下来，让我们继续深入了解它。

2.9 | 神经网络的权重

神经网络是感知机的叠加，这一点你已经理解了吧？

嗯。刚才我还实际计算了 3 个感知机，并得到了结果了呢。

是的。不过，在一般情况下，我们不用费力去一个个计算它们。绫乃你之前说过"神经网络就像是一个函数"，还记得吗?

你说的是函数 $f(x) = y$ 吧，向神经网络 $f(x)$ 输入 x 的值，得到结果 y 的那个。

想不想用数学的方式来更深入地理解神经网络 $f(x)$ 的内部?

想! 不过，一说到数学我就有点紧张。

哈哈。你复习几次都行，我们慢慢地去理解。

有你陪我，我一定能坚持下来……呃，是应该能……

后面在解释的时候，我要用到和刚才的图 2-12 一样的神经网络。我把图又重新画了一遍，让它更好看一些（图 2-15）。

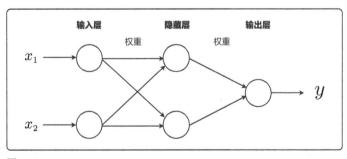

图 2-15

嗯，虽然重画了，不过结构本身似乎没变。

神经网络中出现了单层感知机所没有的"层"的概念。

输入层、隐藏层、输出层这几个吗？

嗯。为了方便识别，下面我们引入层的编号。也就是说，把输入层作为 0，然后依次对后续的各层进行编号。比如，我想这样对刚才的神经网络的层进行编号。

- 输入层是第 0 层
- 隐藏层是第 1 层，接入这一层的权重是第 1 层的权重
- 输出层是第 2 层，接入这一层的权重是第 2 层的权重

示意图是这样的（图 2-16）。

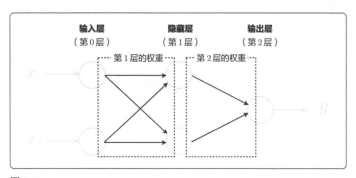

图 2-16

还有，神经网络的层的结构和权重、偏置的数量之间的关系是这样的。

- 权重的数量 = 连接各层中单元的线的数量
- 偏置的数量 = 该层的单元的数量

了解了,我来整理一下!

- 第1层:4条线、2个单元 → 4个权重、2个偏置
- 第2层:2条线、1个单元 → 2个权重、1个偏置

对对。回忆一下表达式 2.20 中使用的权重和偏置,数量应该是完全吻合的。

对哦。仔细一想,这样才是自然的呀。

另外,由于神经网络的权重和偏置存在规律性,为了后续更好地理解 $f(x)$,让我们思考一下变量的统一写法。

不是像 $w_1, w_2, w_3, \cdots$ 这种增加下标吗?

还要再花点心思。首先,从上到下依次为每层的单元编号(图 2-17)。

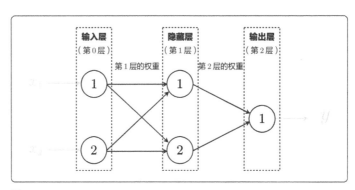

图 2-17

然后,这样来定义权重和偏置。

- 设从第 $l-1$ 层的第 j 个单元到第 l 层的第 i 个单元的权重是 $w_{ij}^{(l)}$
- 设第 l 层的第 i 个单元的偏置是 $b_i^{(l)}$

哎呀，稍微等一下！出现了好多字母，我要理一下思路……

首先，下标 ij 是由两个数构成的一个下标，不要以为它是乘法计算。另外，右上角的 (l) 不是指数，所以不要以为它是 w_{ij} 和 b_i 的 l 次幂哦。

嗯……这个我倒是知道。

我们看一下第 1 层的权重，也就是输入层和隐藏层之间的权重。

• 从输入层（第 0 层）的第 1 个单元到隐藏层（第 1 层）的第 1 个单元的权重是 $w_{11}^{(1)}$
• 从输入层（第 0 层）的第 2 个单元到隐藏层（第 1 层）的第 1 个单元的权重是 $w_{12}^{(1)}$
• 从输入层（第 0 层）的第 1 个单元到隐藏层（第 1 层）的第 2 个单元的权重是 $w_{21}^{(1)}$
• 从输入层（第 0 层）的第 2 个单元到隐藏层（第 1 层）的第 2 个单元的权重是 $w_{22}^{(1)}$

然后是偏置，也是这样表示的。

• 隐藏层（第 1 层）的第 1 个单元的偏置是 $b_1^{(1)}$
• 隐藏层（第 1 层）的第 2 个单元的偏置是 $b_2^{(1)}$

把它们画到神经网络的图里，是这样的（图 2-18）。

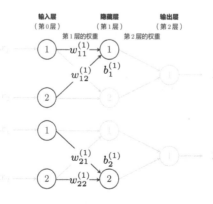

图 2-18

明白了，原来是这样的。

那你知道第 2 层的权重和偏置该怎么表示吗？

也就是隐藏层和输出层之间吧，这样（图 2-19）？

- 从隐藏层（第 1 层）的第 1 个单元到输出层（第 2 层）的第 1 个单元的权重是 $w_{11}^{(2)}$
- 从隐藏层（第 1 层）的第 2 个单元到输出层（第 2 层）的第 1 个单元的权重是 $w_{12}^{(2)}$
- 输出层（第 2 层）的第 1 个单元的偏置是 $b_{1}^{(2)}$

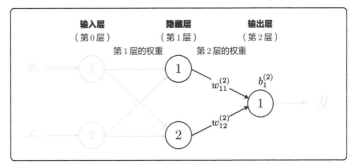

图 2-19

没错，对了呢。

嗯，确实有规律了，但是上下标太多，反而不容易理解了。而且，上下标还涉及 l、i、j 这 3 种变量。

但是，如果是连续的上下标，就不能马上看出它们分别代表哪个部分了。

的确有这个问题。

而且，写成 $w_{ij}^{(l)}$ 和 $b_i^{(l)}$ 这样的话，后面在写数学表达式时就很方便啦。

好吧，这种表示方法看上去有点乱啊，我慢慢习惯吧。

习惯了就好啦。总之，我们为权重定义了统一的表示符号。

对了，要不像感知机的权重一样，将权重表示为列向量？

这样用列向量表示就可以了。

$$\boldsymbol{w}_1^{(1)} = \left[\begin{array}{c} w_{11}^{(1)} \\ w_{12}^{(1)} \end{array} \right], \quad \boldsymbol{w}_2^{(1)} = \left[\begin{array}{c} w_{21}^{(1)} \\ w_{22}^{(1)} \end{array} \right], \quad \boldsymbol{w}_1^{(2)} = \left[\begin{array}{c} w_{11}^{(2)} \\ w_{12}^{(2)} \end{array} \right] \quad (2.26)$$

注意，粗斜体的 $\boldsymbol{w}$ 的下标是箭头指向的单元的编号，而不是箭尾的单元编号（图 2-20）。

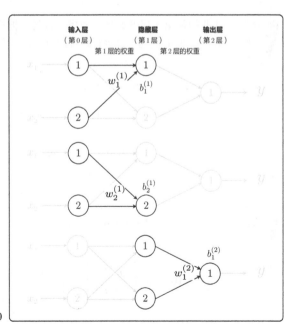

图 2-20

这里我理解了，你是将每个感知机的权重汇总到向量中了。

这样，我们就能采用与单层感知机相同的方式进行思考和计算了。

那图 2-20 中第 1 层的两个感知机的计算式这样写对吗？上下标好多呀，太乱了。

$$\boldsymbol{w}_1^{(1)} \cdot \boldsymbol{x} + b_1^{(1)} = w_{11}^{(1)} x_1 + w_{12}^{(1)} x_2 + b_1^{(1)}$$
$$\boldsymbol{w}_2^{(1)} \cdot \boldsymbol{x} + b_2^{(1)} = w_{21}^{(1)} x_1 + w_{22}^{(1)} x_2 + b_2^{(1)} \tag{2.27}$$

没错。其实，如果把权重汇总为矩阵，把偏置汇总为向量，计算式会更简洁一些。

什么？向量和矩阵？怎么写？

让我们从第 1 层开始逐一考虑。首先，把权重横向排列。只要把表达式 2.26 的列向量进行转置即可，这一点能理解吗？

$$\boldsymbol{w}_1^{(1)\mathrm{T}} = \left[\begin{array}{cc} w_{11}^{(1)} & w_{12}^{(1)} \end{array}\right]$$
$$\boldsymbol{w}_2^{(1)\mathrm{T}} = \left[\begin{array}{cc} w_{21}^{(1)} & w_{22}^{(1)} \end{array}\right] \tag{2.28}$$

这里只是把向量横着放倒了吧？表达式 2.26 中是纵向排列的，表达式 2.28 中则是横向排列的。

嗯，然后把这些转置的向量纵向排列，形成矩阵。

$$\boldsymbol{W}^{(1)} = \left[\begin{array}{c} \boldsymbol{w}_1^{(1)\mathrm{T}} \\ \boldsymbol{w}_2^{(1)\mathrm{T}} \end{array}\right] = \left[\begin{array}{cc} w_{11}^{(1)} & w_{12}^{(1)} \\ w_{21}^{(1)} & w_{22}^{(1)} \end{array}\right] \tag{2.29}$$

创建这个 2×2 的矩阵，就是把权重汇总到一个矩阵里？

没错。我们可以为每层都定义权重矩阵，所以下面以同样的方式来处理第 2 层。不过，我们现在处理的神经网络的第 2 层只有 1 个单元，所以只需以同样的方式排列这个单元。

$$\boldsymbol{w}_1^{(2)\mathrm{T}} = \left[\begin{array}{cc} w_{11}^{(2)} & w_{12}^{(2)} \end{array} \right]$$
$$\boldsymbol{W}^{(2)} = \left[\boldsymbol{w}_1^{(2)\mathrm{T}} \right] = \left[\begin{array}{cc} w_{11}^{(2)} & w_{12}^{(2)} \end{array} \right] \tag{2.30}$$

所以，对于这个神经网络来说，第 1 层的权重可以采用这种方式汇总为 2×2 矩阵，第 2 层的权重可以同样地汇总为 1×2 矩阵。

$$\boldsymbol{W}^{(1)} = \left[\begin{array}{cc} w_{11}^{(1)} & w_{12}^{(1)} \\ w_{21}^{(1)} & w_{22}^{(1)} \end{array} \right]$$
$$\boldsymbol{W}^{(2)} = \left[\begin{array}{cc} w_{11}^{(2)} & w_{12}^{(2)} \end{array} \right] \tag{2.31}$$

我们也可以用同样的方式来逐层定义偏置，只需将每层的偏置纵向排列即可。

$$\boldsymbol{b}^{(1)} = \left[\begin{array}{c} b_1^{(1)} \\ b_2^{(1)} \end{array} \right], \quad \boldsymbol{b}^{(2)} = \left[b_1^{(2)} \right] \tag{2.32}$$

把它们添加到神经网络的图中，画好后应该是图 2-21 这样的。

到这里都理解了。不过，这样真的能简化计算式吗？

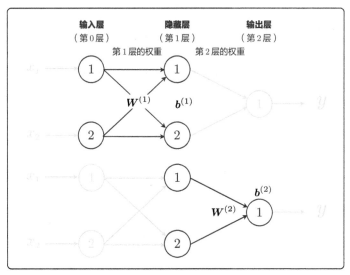

图 2-21

定义了权重矩阵和偏置向量之后,第 1 层的内积和偏置就可以写成这样的表达式了。

$$\boldsymbol{W}^{(1)}\boldsymbol{x} + \boldsymbol{b}^{(1)} \tag{2.33}$$

哇,真的变成超简单的表达式啦!

实际计算一下表达式 2.33。

$$
\begin{aligned}
&\boldsymbol{W}^{(1)}\boldsymbol{x} + \boldsymbol{b}^{(1)} \\
&= \left[\begin{array}{cc} w_{11}^{(1)} & w_{12}^{(1)} \\ w_{21}^{(1)} & w_{22}^{(1)} \end{array} \right] \left[\begin{array}{c} x_1 \\ x_2 \end{array} \right] + \left[\begin{array}{c} b_1^{(1)} \\ b_2^{(1)} \end{array} \right] \quad \cdots\cdots 代入 \ \boldsymbol{W}^{(1)}、\boldsymbol{x}、\boldsymbol{b}^{(1)} \\
&= \left[\begin{array}{c} w_{11}^{(1)}x_1 + w_{12}^{(1)}x_2 \\ w_{21}^{(1)}x_1 + w_{22}^{(1)}x_2 \end{array} \right] + \left[\begin{array}{c} b_1^{(1)} \\ b_2^{(1)} \end{array} \right] \quad \cdots\cdots 计算权重和输入值的积 \\
&= \left[\begin{array}{c} w_{11}^{(1)}x_1 + w_{12}^{(1)}x_2 + b_1^{(1)} \\ w_{21}^{(1)}x_1 + w_{22}^{(1)}x_2 + b_2^{(1)} \end{array} \right] \quad \cdots\cdots 计算与偏置的和
\end{aligned} \tag{2.34}
$$

绫乃，你仔细看看最后一行的矩阵的元素，它的数值与表达式 2.27 中的计算结果是不是相同的？

好吧，让我看看。嗯，表达式的确是相同的。不过……符号也太多了，我感觉开始难起来了。

我在这里想说的是，使用 $W^{(1)}$ 和 $b^{(1)}$ 这样的符号后，就能够以统一的方式计算矩阵的积与和了，所以处理起来非常容易。

呃，不好意思打断一下，这里有点难，我没懂。

嗯，确实难了。我们通过具体的例子，实际动手做一些计算或许会更好。

嗯，这样最好了。

不过，定义神经网络的实体 $f(x)$ 的内容就要讲完了，所以即便有些难，还是先耐心听完吧。

对哦，我们还在讲 $f(x)$ 的内部呢，我都忘记了。

我能理解你的心情，这部分既抽象又冗长，很容易就会忘记一开始是要干什么。

在讲解的最后，如果能动手做一下具体的例题就太好了。

是啊，具体的例子有助于理解，咱们就这么办！

嗯！那我就再加把劲，坚持到最后。请继续讲吧。

2.10 | 激活函数

我们在计算感知机的时候，是不是有一个根据内积与偏置之和是否大于 0 来输出 0 或 1 的操作?

有，表达式是这样的吧。

$$y = \begin{cases} 0 & (\boldsymbol{w} \cdot \boldsymbol{x} + b \leqslant 0) \\ 1 & (\boldsymbol{w} \cdot \boldsymbol{x} + b > 0) \end{cases} \tag{2.35}$$

嗯。这个表达式应该应用于每一层的结果。

是呢，我刚才只做到了权重和偏置的计算。

所以，为了将这个操作也包含在 $f(x)$ 之中，我们把它定义为这样的函数。

$$a(x) = \begin{cases} 0 & (x \leqslant 0) \\ 1 & (x > 0) \end{cases} \tag{2.36}$$

直接把 $\boldsymbol{w} \cdot \boldsymbol{x} + b$ 代入 x 就行了吧?

是的。实际计算的时候，就像你说的那样，将内积和偏置的表达式代入。

$$a(\boldsymbol{w} \cdot \boldsymbol{x} + b) = \begin{cases} 0 & (\boldsymbol{w} \cdot \boldsymbol{x} + b \leqslant 0) \\ 1 & (\boldsymbol{w} \cdot \boldsymbol{x} + b > 0) \end{cases} \tag{2.37}$$

像表达式 2.37 这样根据阈值输出 0 或 1 的函数叫作**阶跃函数**，你最好记住这个名字。

原来叫阶跃函数呀。不过，虽然函数名叫什么都可以，但是这里为什么是 a 呢？一般不是用 f 或者 g 作为函数名吗？

这种函数叫作激活函数，它的英语是 activation function。这里我取了它的首字母，把函数命名为 a。

激活函数……又是一个听上去很难的术语。

虽然函数的表达式是表达式 2.36 那样的，但是在神经网络的语境下，它的叫法是激活函数，你只需要知道这一点就可以了。

嗯。对不起啊，打断了你的话。

没事啦，有什么问题都可以问我。

那我继续讲。为了方便，这个 $a(x)$ 函数也可以接收向量，比如把向量 v 传给 $a(x)$，那么对 v 的每个元素 $v_1, v_2, \cdots, v_n$ 都要应用 $a(x)$。

$$v = \begin{bmatrix} v_1 \\ v_2 \\ \vdots \\ v_n \end{bmatrix}, \quad a(v) = \begin{bmatrix} a(v_1) & \to 0 \text{ 或} 1 \\ a(v_2) & \to 0 \text{ 或} 1 \\ & \vdots \\ a(v_n) & \to 0 \text{ 或} 1 \end{bmatrix} \tag{2.38}$$

嗯嗯。$a(x)$ 把向量的元素都打散了。

这是为了以后保持数学表达式整洁而定的书写规则。

在编程中，如果接收的函数参数是数组，有时也会将函数应用于数组的元素。这种做法我已经习以为常了。

而且，这个激活函数也可以像权重和偏置一样逐层定义，所以我们在函数的右上角写上层的编号，也就是写作 $a^{(l)}(x)$。

逐层定义是什么意思？是要为每一层指定不同的函数吗？

可以指定不同的函数，也可以指定相同的函数哦。

这样啊……那除了表达式 2.36 的阶跃函数以外，我们可以自行决定使用什么函数吗？

其实，阶跃函数并没有被作为神经网络的激活函数来使用。基本上只要是能进行非线性微分的函数都可以作为激活函数。比如 sigmoid 函数和 tanh 函数就是很有名的激活函数。

$$a(x) = \frac{1}{1 + \mathrm{e}^{-x}} \quad \cdots\cdots\text{sigmoid 函数}$$

$$a(x) = \frac{\mathrm{e}^x - \mathrm{e}^{-x}}{\mathrm{e}^x + \mathrm{e}^{-x}} \quad \cdots\cdots\text{tanh 函数} \tag{2.39}$$

呃，突然出现了好难的知识……

现在不需要详细了解这些函数，只要对它们有个印象就行。

只要知道 sigmoid 函数和 tanh 函数可以用作激活函数就行，对吧？

没错。另外，现在我们已经做好了用数学表达式来表示 $f(x)$ 的准备，剩下的就是把前面了解的内容组合起来。

2.11 | 神经网络的表达式

首先，整体地来看一下我们正在探讨的神经网络（图 2-22）。

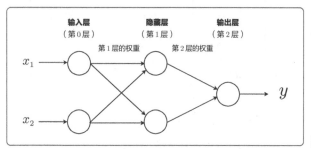

图 2-22

之后，我就要使用这个神经网络，结合数学表达式，一边比较数学表达式对应图的哪个部分，一边讲解。

嗯，拜托慢慢讲。

首先是输入值 x_1、x_2，前面我们用向量表示了它们。

是竖着排列，用列向量来表示的，对吧?

$$\boldsymbol{x} = \begin{bmatrix} x_1 \\ x_2 \end{bmatrix} \tag{2.40}$$

对的。不过，为了方便今后用统一的规则来写表达式，我们采用 $\boldsymbol{x}^{(0)}$ 这样的写法，它表示来自第 0 层的输入值。

$$\boldsymbol{x}^{(0)} = \boldsymbol{x} \tag{2.41}$$

对了，第 0 层的输入值是图 2-23 中的这一部分。

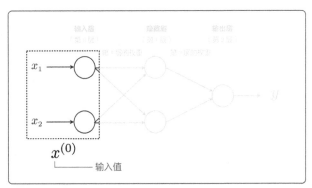

图 2-23

第 0 层的输入？也就是输入层吧？

嗯，一个意思。然后，将第 1 层的权重和偏置应用于输入值。

$$W^{(1)}x^{(0)} + b^{(1)} \qquad (2.42)$$

你可以把它看作图中从输入层到隐藏层的那些线的部分（图 2-24）。

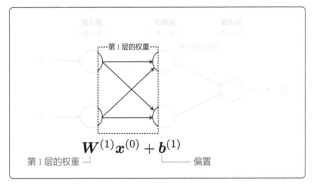

图 2-24

这和前面的表达式 2.34 是相同的计算吧？最终结果是权重和输入值的内积加上偏置。

$$\boldsymbol{W}^{(1)}\boldsymbol{x}^{(0)} + \boldsymbol{b}^{(1)} = \left[\begin{array}{c} w_{11}^{(1)}x_1 + w_{21}^{(1)}x_2 + b_1^{(1)} \\ w_{12}^{(1)}x_1 + w_{22}^{(1)}x_2 + b_2^{(1)} \end{array}\right] \tag{2.43}$$

是的。然后，对结果应用第 1 层的激活函数。

$$\boldsymbol{a}^{(1)}\left(\boldsymbol{W}^{(1)}\boldsymbol{x}^{(0)} + \boldsymbol{b}^{(1)}\right) \tag{2.44}$$

流入隐藏层的数值，也就是表达式 2.43 的结果，我们可以把它看作通过激活函数得到的隐藏层的输出（图 2-25）。

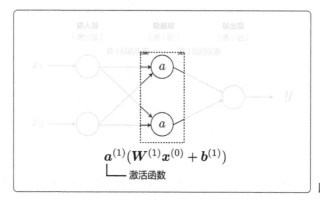

图 2-25

第 1 层的激活函数 $\boldsymbol{a}^{(1)}$ 是要应用于各元素的吧？

$$\boldsymbol{a}^{(1)}\left(\boldsymbol{W}^{(1)}\boldsymbol{x}^{(0)} + \boldsymbol{b}^{(1)}\right) = \left[\begin{array}{c} \boldsymbol{a}^{(1)}\left(w_{11}^{(1)}x_1 + w_{12}^{(1)}x_2 + b_1^{(1)}\right) \\ \boldsymbol{a}^{(1)}\left(w_{21}^{(1)}x_1 + w_{22}^{(1)}x_2 + b_2^{(1)}\right) \end{array}\right] \tag{2.45}$$

对的。我们用 $\boldsymbol{x}^{(1)}$ 表示从第 1 层到第 2 层的输入值，或者也可以把它看作第 1 层的输出值。

$$\boldsymbol{x}^{(1)} = \boldsymbol{a}^{(1)}\left(\boldsymbol{W}^{(1)}\boldsymbol{x}^{(0)} + \boldsymbol{b}^{(1)}\right) \tag{2.46}$$

原来，一开始将第 0 层的输入值称为 $\boldsymbol{x}^{(0)}$ 是为了和这里保持一致呀。

正是如此。之后就是重复同样的事情了，将第 2 层的权重和偏置应用于来自于第 1 层的输入值。

$$\boldsymbol{W}^{(2)}\boldsymbol{x}^{(1)} + \boldsymbol{b}^{(2)} \tag{2.47}$$

这次对应的是从隐藏层到输出层的线的部分（图 2-26 ）。

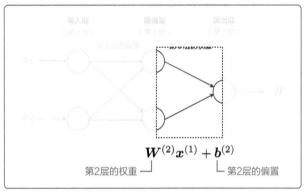

图 2-26

和第 1 层的时候不同的，只有字母右上方表示层的上标的部分吧？

没错。然后，同样地对结果应用第 2 层的激活函数 $\boldsymbol{a}^{(2)}$。

$$\boldsymbol{a}^{(2)}\left(\boldsymbol{W}^{(2)}\boldsymbol{x}^{(1)} + \boldsymbol{b}^{(2)}\right) \tag{2.48}$$

这也与第 1 层的时候相同，可以认为流向输出层的值在通过激活函数后被输出出来（图 2-27 ）。

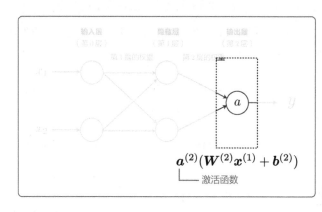

$$a^{(2)}(W^{(2)}x^{(1)} + b^{(2)})$$
激活函数

图 2-27

 之后，同样地将通过激活函数之后的值替换为表示"由第 2 层传入"的输入值 $x^{(2)}$。

$$x^{(2)} = a^{(2)}\left(W^{(2)}x^{(1)} + b^{(2)}\right) \tag{2.49}$$

 奇怪，这个神经网络不是只有 2 层吗？

 是啊，所以我们可以说 $x^{(2)}$ 是这个神经网络的输出值。

$$y = x^{(2)} \tag{2.50}$$

 哦哦，原来是这么回事。

 正如我们所看到的，神经网络的计算只是逐层重复对输入值应用权重矩阵和偏置，然后再应用激活函数的操作。

 主要是矩阵的积和向量的加法计算。对了，中间还夹着激活函数，所以还得进行激活函数的计算？

 嗯。不过，矩阵的乘法、向量的加法、激活函数的计算都由计算机完成，我们只需实现代码即可。

确实，用编程语言实现就好了。但是，我还是希望先理解一下简单的具体例子。

那我这就总结一下。对于我们正在探讨的神经网络，$y = f(x)$ 中的 $f(x)$ 可以像这样写成一行。

$$f(x^{(0)}) = a^{(2)} \left(W^{(2)} a^{(1)} \left(W^{(1)} x^{(0)} + b^{(1)} \right) + b^{(2)} \right) \tag{2.51}$$

原来这就是 $f(x)$ 的表达式。

矩阵的积、向量的加法、激活函数的应用，这一个个的操作都不难，只是看起来复杂，别被骗了哦。

嗯，是啊……

让我们基于这个使用了权重矩阵、偏置和激活函数的数学表达式来解决前面的那个例题。

就是那个判断图像是不是正方形的分类问题吧。

2.12 | 正向传播

那我试试与之前一样的 45×45 的图像?

好啊。不过，在此之前先整理一下权重、偏置和激活函数。我们继续使用表达式 2.20 的权重和偏置，激活函数就用阶跃函数吧。

$$W^{(1)} = \begin{bmatrix} \boldsymbol{w}_a^{\mathrm{T}} \\ \boldsymbol{w}_b^{\mathrm{T}} \end{bmatrix} = \begin{bmatrix} 1 & -1 \\ -1 & 1 \end{bmatrix}, \quad W^{(2)} = \begin{bmatrix} \boldsymbol{w}_c^{\mathrm{T}} \end{bmatrix} = \begin{bmatrix} -1 & -1 \end{bmatrix}$$

$$\boldsymbol{b}^{(1)} = \begin{bmatrix} b_a \\ b_b \end{bmatrix} = \begin{bmatrix} 0 \\ 0 \end{bmatrix}, \qquad \boldsymbol{b}^{(2)} = \begin{bmatrix} b_c \end{bmatrix} = \begin{bmatrix} 1 \end{bmatrix}$$

$$a^{(1)}(x) = \begin{cases} 0 & (x \leqslant 0) \\ 1 & (x > 0) \end{cases}, \qquad a^{(2)}(x) = \begin{cases} 0 & (x \leqslant 0) \\ 1 & (x > 0) \end{cases} \tag{2.52}$$

啊？不是说阶跃函数不被用作激活函数吗？

现在是手动计算的练习，用它也行。关键是，手动计算表达式 2.39 中的 sigmoid 函数和 tanh 函数太麻烦了。

说的也是，那些可不是能手动计算的。

要说阶跃函数为什么不被用作激活函数，那可就说来话长了，所以现在先专心熟悉计算流程，后面再去思考原因，这样或许更有趣呢。

光靠我自己估计是找不出原因了……算啦，反正现在是练习，使用阶跃函数也没什么问题，对吧？

嗯，先继续。

接收图像的宽和高作为输入这一点，还是一样的吧？

$$\boldsymbol{x}^{(0)} = \begin{bmatrix} 45 \\ 45 \end{bmatrix} \tag{2.53}$$

嗯，可以的。那么，就从第 1 层的计算开始吧。首先，将表达式 2.52 和表达式 2.53 的值分别代入这个表达式。

$$W^{(1)}x^{(0)} + b^{(1)} \tag{2.54}$$

好的。

$$W^{(1)}x^{(0)} + b^{(1)}$$

$$= \begin{bmatrix} 1 & -1 \\ -1 & 1 \end{bmatrix} \begin{bmatrix} 45 \\ 45 \end{bmatrix} + \begin{bmatrix} 0 \\ 0 \end{bmatrix} \quad \cdots\cdots 代入值$$

$$= \begin{bmatrix} (1 \times 45) + (-1 \times 45) \\ (-1 \times 45) + (1 \times 45) \end{bmatrix} + \begin{bmatrix} 0 \\ 0 \end{bmatrix} \quad \cdots\cdots 计算矩阵的积$$

$$= \begin{bmatrix} 0 \\ 0 \end{bmatrix} + \begin{bmatrix} 0 \\ 0 \end{bmatrix} \quad \cdots\cdots 整理矩阵的元素$$

$$= \begin{bmatrix} 0 \\ 0 \end{bmatrix} \quad \cdots\cdots 加上偏置 \tag{2.55}$$

然后，对这个结果应用第 1 层的激活函数 $a^{(1)}$，得到第 1 层的输出值。

将 0 传给 $a^{(1)}(x)$，它将满足 $x \leqslant 0$ 的条件，2 个元素都为 0，所以输出的是 $(0,0)$。

$$a^{(1)} \left(\begin{bmatrix} 0 \\ 0 \end{bmatrix} \right) = \begin{bmatrix} a^{(1)}(0) \\ a^{(1)}(0) \end{bmatrix} = \begin{bmatrix} 0 \\ 0 \end{bmatrix} \tag{2.56}$$

嗯。计算结果正确。表达式 2.56 是第 1 层的输出值。

$$x^{(1)} = \begin{bmatrix} 0 \\ 0 \end{bmatrix} \tag{2.57}$$

然后，把 $x^{(1)}$ 作为来自第 1 层的输入值，第 2 层也应用这个数学表达式来计算就好了。

$$W^{(2)}x^{(1)} + b^{(2)} \tag{2.58}$$

嗯，我算算看。

$$W^{(2)}x^{(1)} + b^{(2)}$$

$$= \begin{bmatrix} -1 & -1 \end{bmatrix} \begin{bmatrix} 0 \\ 0 \end{bmatrix} + \begin{bmatrix} 1 \end{bmatrix} \quad \text{……代入值}$$

$$= \begin{bmatrix} (-1 \times 0) + (-1 \times 0) \end{bmatrix} + \begin{bmatrix} 1 \end{bmatrix} \quad \text{……计算矩阵的积}$$

$$= \begin{bmatrix} 0 \end{bmatrix} + \begin{bmatrix} 1 \end{bmatrix} \quad \text{……整理矩阵的元素}$$

$$= \begin{bmatrix} 1 \end{bmatrix} \quad \text{……加上偏置}$$

$$(2.59)$$

之后是对这个结果应用第 2 层的激活函数 $a^{(2)}(x)$？这次传的值是 1，这样将满足 $x > 0$ 的条件，最后将输出 1，没错吧？

$$a^{(2)}\left(\begin{bmatrix} 1 \end{bmatrix}\right) = \begin{bmatrix} a^{(2)}(1) \end{bmatrix} = \begin{bmatrix} 1 \end{bmatrix} \tag{2.60}$$

对！也就是说，向神经网络 $f(x)$ 输入 $x^{(0)} = (45, 45)$，它会输出 1。

$$f\left(x^{(0)}\right) = 1 \tag{2.61}$$

这个神经网络输出 1 的意思是什么来着？说明分类结果是"正方形"*？

是的。由于 $x^{(0)} = (45, 45)$ 是正方形，所以分类结果正确。

好的。接下来，我试试长方形的图像。

之前用的是 $x^{(0)} = (100, 35)$。

---

* 参见第 52 页。

那这次也用它。首先，从第 1 层的计算开始，一口气做到激活函数的应用为止。

$$a^{(1)} \left(\boldsymbol{W}^{(1)} \boldsymbol{x}^{(0)} + \boldsymbol{b}^{(1)} \right)$$

$$= a^{(1)} \left(\begin{bmatrix} 1 & -1 \\ -1 & 1 \end{bmatrix} \begin{bmatrix} 100 \\ 35 \end{bmatrix} + \begin{bmatrix} 0 \\ 0 \end{bmatrix} \right) \quad \cdots \cdots 代入值$$

$$= a^{(1)} \left(\begin{bmatrix} (1 \times 100) + (-1 \times 35) \\ (-1 \times 100) + (1 \times 35) \end{bmatrix} + \begin{bmatrix} 0 \\ 0 \end{bmatrix} \right) \quad \cdots \cdots 计算矩阵的积$$

$$= a^{(1)} \left(\begin{bmatrix} 75 \\ -75 \end{bmatrix} + \begin{bmatrix} 0 \\ 0 \end{bmatrix} \right) \quad \cdots \cdots 整理矩阵的元素$$

$$= a^{(1)} \left(\begin{bmatrix} 75 \\ -75 \end{bmatrix} \right) \quad \cdots \cdots 加上偏置$$

$$= \begin{bmatrix} a^{(1)}(75) \\ a^{(1)}(-75) \end{bmatrix} \quad \cdots \cdots 将激活函数打散$$

$$= \begin{bmatrix} 1 \\ 0 \end{bmatrix} \quad \cdots \cdots 应用激活函数 \tag{2.62}$$

这样就知道第 1 层的输出值了。

$$\boldsymbol{x}^{(1)} = \begin{bmatrix} 1 \\ 0 \end{bmatrix} \tag{2.63}$$

然后，将这个 $\boldsymbol{x}^{(1)}$ 作为来自第 1 层的输入值，计算第 2 层。

$$a^{(2)} \left(\boldsymbol{W}^{(2)} \boldsymbol{x}^{(1)} + \boldsymbol{b}^{(2)} \right)$$

$$= a^{(2)} \left(\begin{bmatrix} -1 & -1 \end{bmatrix} \begin{bmatrix} 1 \\ 0 \end{bmatrix} + \begin{bmatrix} 1 \end{bmatrix} \right) \quad \cdots \cdots 代入值$$

$$= a^{(2)} \left(\begin{bmatrix} (-1 \times 1) + (-1 \times 0) \end{bmatrix} \right) + \left(\begin{bmatrix} 1 \end{bmatrix} \right) \quad \cdots \cdots 计算矩阵的积$$

$$= a^{(2)} \left(\begin{bmatrix} -1 \end{bmatrix} \right) + \left(\begin{bmatrix} 1 \end{bmatrix} \right) \quad \cdots \cdots 整理矩阵的元素$$

$$= a^{(2)} \left(\begin{bmatrix} 0 \end{bmatrix} \right) \quad \cdots \cdots 加上偏置$$

$$= \begin{bmatrix} 0 \end{bmatrix} \quad \cdots \cdots 应用激活函数 \tag{2.64}$$

也就是说，这个神经网络的输出是 0，意味着分类结果是"非正方形"。

厉害啊，一口气算完了。

嗯！由于 $x^{(0)} = (100, 35)$ 是长方形的图像，所以分类结果是对的。

这种输入值沿着从左向右的方向一层层传递的操作常常被称为**正向传播**，也有人用英语单词 forward 来指代它，要记住这些说法哦。

哇，感觉好酷啊！

在计算时你可能已经注意到了，正向传播所做的事情与表达式 2.22、表达式 2.24 和表达式 2.25 的计算是完全相同的。

你还别说，的确是这样的呢！

这里只是通过矩阵和向量一次性进行计算了，其中的每个元素都与绫乃你一开始手动进行的感知机 A、B、C 的计算相同。

当矩阵和向量出现时，我还觉得又是符号变多了，又是思路变复杂了之类的，果然还是得实际动手计算一下，视角会变得不一样呢！

是呀，思考具体的例子是很重要的。

2.13 | 神经网络的通用化

最后，我们来做一下汇总，使神经网络变得通用。这是对前面我们已经学到的知识的拓展，所以你理解起来应该没问题。

通用？是使用字母来表示？比如输入有 n 个、隐藏层有 m 个……

没错。比如，我想这样来表示通用的神经网络（图 2-28）。

- 输入层的单元有 $m^{(0)}$ 个
- 第 l 层的单元有 $m^{(l)}$ 个
- 除了输入层之外，神经网络的层共有 L 个

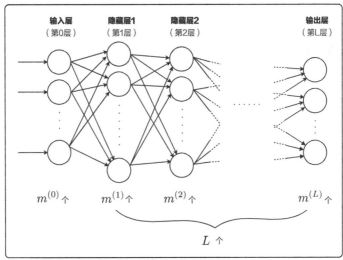

图 2-28

一般来说，神经网络中的层数中不包括输入层，所以我们只对输入层使用特殊的上标 0，在图中也体现了从隐藏层到输出层共有 L 层的说法。

哦，这么说图 2-28 是 L 层神经网络，图 2-22 就是 2 层神经网络？

是的。此时的输入向量 $\boldsymbol{x}^{(0)}$、第1层的权重矩阵 $\boldsymbol{W}^{(l)}$、第 l 层的偏置 $\boldsymbol{b}^{(l)}$ 分别是这样的。

$$\boldsymbol{x}^{(0)} = \begin{bmatrix} x_1 \\ x_2 \\ \vdots \\ x_{m^{(0)}} \end{bmatrix} \cdots\cdots \text{元素数为 } m^{(0)} \text{ 个的向量}$$

$$\boldsymbol{W}^{(l)} = \begin{bmatrix} w_{11}^{(l)} & w_{12}^{(l)} & \cdots & w_{1m^{(l-1)}}^{(l)} \\ w_{21}^{(l)} & w_{22}^{(l)} & \cdots & w_{2m^{(l-1)}}^{(l)} \\ \vdots & \vdots & \ddots & \vdots \\ w_{m^{(l)}1}^{(l)} & w_{m^{(l)}2}^{(l)} & \cdots & w_{m^{(l)}m^{(l-1)}}^{(l)} \end{bmatrix} \cdots\cdots m^{(l)} \times m^{(l-1)} \text{ 的矩阵}$$

$$\boldsymbol{b}^{(l)} = \begin{bmatrix} b_1^{(l)} \\ b_2^{(l)} \\ \vdots \\ b_{m^{(l)}}^{(l)} \end{bmatrix} \cdots\cdots \text{元素数为 } m^{(l)} \text{ 个的向量} \tag{2.65}$$

注意矩阵和向量的元素的个数。如果弄错了，就不能计算 $\boldsymbol{W}$ 和 $\boldsymbol{x}$ 的积，以及与 $\boldsymbol{b}$ 的和了。

对哦，前面我光顾着计算了，没注意到这个。

在计算 $\boldsymbol{Wx}$ 之前，还要再看看 $\boldsymbol{W}$ 的列数和 $\boldsymbol{x}$ 的行数是否相同。

可以把输入向量看作一个 $m^{(0)} \times 1$ 的矩阵吧？

嗯，可以的。那么，第 l 层的输出值可以写成这样。

$$\boldsymbol{x}^{(l)} = \boldsymbol{a}^{(l)}\left(\boldsymbol{W}^{(l)}\boldsymbol{x}^{(l-1)} + \boldsymbol{b}^{(l)}\right) \tag{2.66}$$

然后，计算表达式 2.66，共重复"层数"次，就可以计算输出值了。

$$x^{(1)} = a^{(1)}\left(W^{(1)}x^{(0)} + b^{(1)}\right)$$
$$x^{(2)} = a^{(2)}\left(W^{(2)}x^{(1)} + b^{(2)}\right)$$
$$\vdots$$
$$y = a^{(L)}\left(W^{(L)}x^{(L-1)} + b^{(L)}\right) \tag{2.67}$$

原来是这样计算的。一直到最后都能以同样的形式计算，很好理解。

直接用 n 和 $m^{(L)}$ 之类的字母很难让人想到具体的东西，所以我们把它具体到我们一直在用的进行正方形判断的神经网络上。数值是这样的。

- 输入层的单元有 2 个
- 第 1 层的单元有 2 个
- 第 2 层的单元有 1 个
- 除了输入层以外，神经网络的层共有 2 个

嗯。不管什么事情，具体地思考都是很重要的呀。话说，今天好累呀。

今天就先到这里吧。知识塞得太多，你也记不住啊。

可不是嘛。到家了我再复习一遍吧。

神经网络的表达式中只有矩阵、向量和激活函数的计算，不要把它想得太难啊。

知道啦！今天又麻烦你了，谢谢！

没事。下次见！

激活函数到底是什么

今天又去学习神经网络了?

嗯。朋友结合数学表达式教了我正向传播的原理。

正向传播呀。主要是重复进行矩阵的计算,对吧?

基本上是这样的。但是,除此之外好像还有激活函数,那个我还没有完全搞清楚。

这样啊……激活函数也不过是函数而已,不用把它想得那么难呀。

话虽如此,可大家都说它是神经网络必须具备的一部分,所以我很好奇为什么它是必要的,又应该使用什么样的函数之类的问题。

是呢,这些问题大家探讨得确实不多,我也不是很清楚。

是吧?所以我查了查这方面的资料。

发现什么了吗?

为什么是必要的

我做了"如果不使用激活函数会发生什么"的实验。

不错呀，这个实验好。

嗯。比如，思考这样一个非常简单的神经网络（图 2-c-1）。

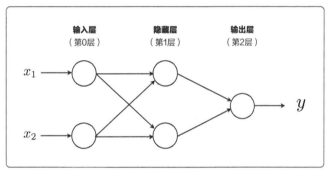

图 2-c-1

这个神经网络由输入 $\boldsymbol{x}$ 和 2 个权重矩阵 $\boldsymbol{W}^{(1)}$、$\boldsymbol{W}^{(2)}$ 构成。

$$\boldsymbol{x} = \begin{bmatrix} x_1 \\ x_2 \end{bmatrix}, \ \boldsymbol{W}^{(1)} = \begin{bmatrix} w_{11}^{(1)} & w_{12}^{(1)} \\ w_{21}^{(1)} & w_{22}^{(1)} \end{bmatrix}, \ \boldsymbol{W}^{(2)} = \begin{bmatrix} w_{11}^{(2)} & w_{12}^{(2)} \end{bmatrix}$$

$$(2.c.1)$$

对了，在这个实验中，有没有偏置都无关紧要，所以先不考虑它。

那么，这个神经网络的正向传播的计算可以用这个数学表达式来表示。

$$y = a^{(2)} \left(\boldsymbol{W}^{(2)} a^{(1)} \left(\boldsymbol{W}^{(1)} \boldsymbol{x} \right) \right) \tag{2.c.2}$$

是的，这是使用某个激活函数时的数学表达式。

那不使用激活函数的意思是，权重与输入的积与和的计算结果直接传递给下一层，是吧？

对对。去掉表达式 2.c.2 中的 $a^{(1)}$ 和 $a^{(2)}$，然后实际进行矩阵的计算。

$$\boldsymbol{W}^{(2)} \boldsymbol{W}^{(1)} \boldsymbol{x}$$

$$= \left[\begin{array}{cc} w_{11}^{(2)} & w_{12}^{(2)} \end{array} \right] \left[\begin{array}{cc} w_{11}^{(1)} & w_{12}^{(1)} \\ w_{21}^{(1)} & w_{22}^{(1)} \end{array} \right] \left[\begin{array}{c} x_1 \\ x_2 \end{array} \right]$$

$$= \left[\begin{array}{cc} w_{11}^{(2)} w_{11}^{(1)} + w_{12}^{(2)} w_{21}^{(1)} & w_{11}^{(2)} w_{12}^{(1)} + w_{12}^{(2)} w_{22}^{(1)} \end{array} \right] \left[\begin{array}{c} x_1 \\ x_2 \end{array} \right]$$

$$= \left(w_{11}^{(2)} w_{11}^{(1)} + w_{12}^{(2)} w_{21}^{(1)} \right) x_1 + \left(w_{11}^{(2)} w_{12}^{(1)} + w_{12}^{(2)} w_{22}^{(1)} \right) x_2 \tag{2.c.3}$$

得到的结果是这样的，从这个最后的表达式中，你发现什么没有？

难道是单层感知机？

天哪！你这么容易就注意到了，好不甘心呀……你是对的，权重一共有 6 个，把 x_1 和 x_2 前面括号括起来的部分分别作为一个整体，也就是有这两个值。

$$C_1 = w_{11}^{(2)} w_{11}^{(1)} + w_{12}^{(2)} w_{21}^{(1)}$$
$$C_2 = w_{11}^{(2)} w_{12}^{(1)} + w_{12}^{(2)} w_{22}^{(1)} \tag{2.c.4}$$

把它们再分别替换到表达式里，最后得到的就是以 C_1 和 C_2 为权重的单层感知机了（图 2-c-2）。

$$C_1 x_1 + C_2 x_2 \qquad (2.c.5)$$

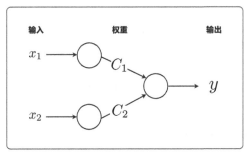

图 2-c-2

我懂了！绫姐，你是对的。如果没有激活函数，那就意味着网络的表达能力只能相当于单层感知机了。

该使用什么样的函数

 这样的话，"该使用什么样的函数"的答案自然而然就出来了。

 啊，是吗？我还没想到呢……

 线性函数大概是不行的吧。哦，我说的线性函数，指的是有这种关系成立的函数。

$$f(x + y) = f(x) + f(y)$$
$$f(ax) = af(x) \qquad (2.c.6)$$

既然不能使用线性函数，那我想应该使用非线性函数作为激活函数。

非线性？我想起来了，美绪也说过这样的话。

仔细一想，不使用激活函数就和使用恒等函数作为激活函数的效果是一样的。

$$f(x) = x \tag{2.c.7}$$

这么一说，也确实是这样的。感觉就像把"计算直接传给下一层"直接转成了表达式。

我发现 $f(x) = x$ 是线性函数，其他的 $f(x) = -2x$ 和 $f(x) = \frac{1}{3}x$ 也都是线性函数，使用这些函数的情况和刚才绫姐你说的情况好像是一样的（表 2-c-1）。

激活函数	图 2-c-1 的神经网络的输出值
$f(x) = x$	$\left(w_{11}^{(2)}w_{11}^{(1)} + w_{12}^{(2)}w_{21}^{(1)}\right)x_1 + \left(w_{11}^{(2)}w_{12}^{(1)} + w_{12}^{(2)}w_{22}^{(1)}\right)x_2$
$f(x) = -2x$	$\left(4w_{11}^{(2)}w_{11}^{(1)} + 4w_{12}^{(2)}w_{21}^{(1)}\right)x_1 + \left(4w_{11}^{(2)}w_{12}^{(1)} + 4w_{12}^{(2)}w_{22}^{(1)}\right)x_2$
$f(x) = \frac{1}{3}x$	$\left(\frac{1}{9}w_{11}^{(2)}w_{11}^{(1)} + \frac{1}{9}w_{12}^{(2)}w_{21}^{(1)}\right)x_1 + \left(\frac{1}{9}w_{11}^{(2)}w_{12}^{(1)} + \frac{1}{9}w_{12}^{(2)}w_{22}^{(1)}\right)x_2$

表 2-c-1

我计算了一下，的确如此。无论哪个，都可以看作表达式 2.c.5。

对吧，我猜也是这样的。如果使用非线性函数，项就不会像这样聚集在 x_1 和 x_2 外面，这也就让设置多个层的操作有了意义，神经网络的表现力也就更强了。

是呀！我朋友说 sigmoid 函数是有名的激活函数，这个函数应该也是非线性函数吧？

sigmoid 函数是 $f(x + y) = f(x) + f(y)$ 和 $f(ax) = af(x)$ 这两个关系式都不成立的非线性函数哦。

$$\frac{1}{1 + e^{x+y}} \neq \frac{1}{1 + e^x} + \frac{1}{1 + e^y}$$

$$\frac{1}{1 + e^{ax}} \neq \frac{a}{1 + e^x} \tag{2.c.8}$$

这样啊，我感觉清楚多了。

我也清楚多了。

要是我自己能想到的话就好了。

第 3 章

学习反向传播

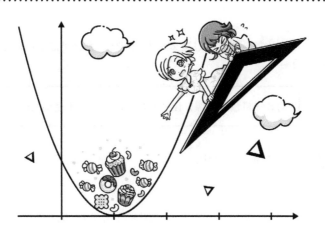

绫乃想知道如何确定神经网络的"权重"和"偏置"。
确实,在深层神经网络中,
"权重"和"偏置"的计算很复杂。
但是,稍微用些技巧也能让它变得简单一些。

3.1 | 神经网络的权重和偏置

 多亏了美绪，我现在已经能很好地理解神经网络中的数据流转了，而且还自己设计了几道题，练习了计算呢。

 那就好。

 自己设计的练习题倒还好说，但其实我还是不知道该如何处理权重和偏置。之前我们做判断正方形的神经网络时，你是知道权重和偏置的正确答案的。

 你是说，不知道在自己设计的练习题中，正确的权重和偏置是多少？

 嗯。比如，我设计过这么一道练习题，就是把之前的问题稍微改了一下。

> 向感知机输入图像，让感知机判断图像是不是细长的。

 "细长"的定义是什么？

 长宽比 * 低的图像，比如长宽比小于等于 0.2 的。

 也就是说，需要神经网络做这样的判断：如果长宽比小于等于 0.2，图像就是"细长的"；如果大于 0.2，图像就是"非细长的"。对吧？

 嗯，是这样的。神经网络的输出值如果是 1，就表示"细长"；如果是 0，就表示"非细长"。

---

* 这里的长宽比是指图像的宽除以高所得到的比值。

这道练习题设计得不错。

 不过，我们要用什么样的权重和偏置，才能让神经网络正确地计算出"细长"和"非细长"呢？这个问题我就不知道答案了。

 权重的调整不是由人去做，而是通过机器学习来优化的，一开始不知道是正常的。

 话虽这么说，但我还不知道该如何训练神经网络，只想着要练习计算，还试着手动计算去调整权重了呢。

 那这次我们就学习如何训练神经网络的权重和偏置吧。

 好啊，早就想学这个了。这可是神经网络最重要的部分了。

 对了，我昨天买的蛋糕还没吃完，咱们一边吃一边学吧？

 蛋糕那么好吃还能剩下吗？

 不是啦，因为我一不小心买太多了……你不想吃？

 当然……想吃！

3.2 | 人的局限性

绫乃,你是怎么调整权重和偏置的呢?

我们不是有判断正方形的神经网络了嘛(图 3-1)。

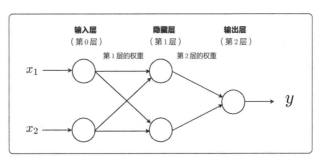

图 3-1

对于这个神经网络,我先沿用判断正方形时的权重和偏置进行了计算。

$$\boldsymbol{W}^{(1)} = \begin{bmatrix} 1 & -1 \\ -1 & 1 \end{bmatrix}, \qquad \boldsymbol{W}^{(2)} = \begin{bmatrix} -1 & -1 \end{bmatrix}$$

$$\boldsymbol{b}^{(1)} = \begin{bmatrix} 0 \\ 0 \end{bmatrix}, \qquad \boldsymbol{b}^{(2)} = \begin{bmatrix} 1 \end{bmatrix}$$

$$a^{(1)}(x) = \begin{cases} 0 & (x \leqslant 0) \\ 1 & (x > 0) \end{cases}, \quad a^{(2)}(x) = \begin{cases} 0 & (x \leqslant 0) \\ 1 & (x > 0) \end{cases} \tag{3.1}$$

然后,随便输入一些样本图像的大小,一点点地修改权重和偏置,使神经网络的输出是正确结果。

这些全是你手动计算的吗?

是呀!比如 100×10 的图像,它的长宽比是 0.1,应该被归类为细长的图像。把它传给神经网络,使用表达式 3.1 中的权重和偏置,计算过程是这样的。

$$\boldsymbol{x}^{(0)} = \left[\begin{array}{c} 100 \\ 10 \end{array} \right]$$

$$\begin{aligned} \boldsymbol{x}^{(1)} &= \boldsymbol{a}^{(1)} \left(\boldsymbol{W}^{(1)} \boldsymbol{x}^{(0)} + \boldsymbol{b}^{(1)} \right) \\ &= \boldsymbol{a}^{(1)} \left(\left[\begin{array}{cc} 1 & -1 \\ -1 & 1 \end{array} \right] \left[\begin{array}{c} 100 \\ 10 \end{array} \right] + \left[\begin{array}{c} 0 \\ 0 \end{array} \right] \right) \\ &= \boldsymbol{a}^{(1)} \left(\left[\begin{array}{c} 90 \\ -90 \end{array} \right] + \left[\begin{array}{c} 0 \\ 0 \end{array} \right] \right) \\ &= \left[\begin{array}{c} a^{(1)}(90) \\ a^{(1)}(-90) \end{array} \right] \\ &= \left[\begin{array}{c} 1 \\ 0 \end{array} \right] \end{aligned}$$

$$\begin{aligned} \boldsymbol{x}^{(2)} &= \boldsymbol{a}^{(2)} \left(\boldsymbol{W}^{(2)} \boldsymbol{x}^{(1)} + \boldsymbol{b}^{(2)} \right) \\ &= \boldsymbol{a}^{(2)} \left(\left[\begin{array}{cc} -1 & -1 \end{array} \right] \left[\begin{array}{c} 1 \\ 0 \end{array} \right] + \left[\begin{array}{c} 1 \end{array} \right] \right) \\ &= \boldsymbol{a}^{(2)} \left(\left[\begin{array}{c} -1 \end{array} \right] + \left[\begin{array}{c} 1 \end{array} \right] \right) \\ &= \left[a^{(2)}(0) \right] \\ &= \left[\begin{array}{c} 0 \end{array} \right] \end{aligned}$$

$$(3.2)$$

对于 100×10 的图像,输出的结果为 0,但这意味着它将被归类为"非细长",这就不对了呀!因此,为了使网络对 100×10 的图像输出 1,我随便改了改权重和偏置,然后再计算,就这样重复了好多次。

随便改，是怎么改？

真的是随便改的。比如，把第 2 层的偏置稍微改改，改成 $b^{(2)} = [2]$ 之类的。

$$
\begin{aligned}
x^{(2)} &= a^{(2)} \left(W^{(2)} x^{(1)} + b^{(2)} \right) \\
&= a^{(2)} \left(\begin{bmatrix} -1 & -1 \end{bmatrix} \begin{bmatrix} 1 \\ 0 \end{bmatrix} + \begin{bmatrix} 2 \end{bmatrix} \right) \\
&= a^{(2)} \left(\begin{bmatrix} -1 \end{bmatrix} + \begin{bmatrix} 2 \end{bmatrix} \right) \\
&= \begin{bmatrix} a^{(2)}(1) \end{bmatrix} \\
&= \begin{bmatrix} 1 \end{bmatrix}
\end{aligned}
\tag{3.3}
$$

这样一改，输出就变成 1 了，也就意味着分类结果是"细长"，这是正确的结果。

我知道你是怎么做的了。但是，只能处理 100×10 的图像还不够啊，还要找到能正确判断其他大小的图像的权重和偏置。

可不是嘛! 随便改一下权重和偏置，虽然能应付现在处理的图像大小，但其他大小的图像的判断就不一定正确了。

挺难的吧。

所以，我用这种方法去找能对所有图像进行正确分类的权重和偏置，相当痛苦。

你可真拼啊。

也没有。算了一会儿觉得麻烦，也没找到判断细长的神经网络的最优值，后来就不算了。

不过，你这种发现答案不符合预期就更新权重和偏置，使得答案接近预期的做法，正是机器学习算法的学习方式呢。

机器学习算法也用这么朴实的方法学习吗?

是呢。计算机不会因为重复做同样的事情而感到厌倦，而且它们的计算速度非常快，所以它们可以用这种朴实的方法来计算。

原来是这样。这么说来，我调整权重和偏置的方法也不是没有可取之处嘛。

不过，这种做法可不是人力能完成的。

哈哈哈……

3.3 | 误差

所以说，到底应该怎样训练神经网络中的权重和偏置呢?

咱们先来想一想"答案与预期不同"是什么状态。

是希望输出"细长"，结果却输出了"非细长"的状态。

首先，准备一些包含图像大小，以及"图像是否为细长"的数据（表 3-1）。这就是所谓的训练数据，其中，x 是神经网络的输入值，y 是正确答案的标签。

图像大小	长宽比	分类	x	y
100×10	0.1	细长	$(100, 10)$	1
100×50	0.5	非细长	$(100, 50)$	0
15×100	0.15	细长	$(15, 100)$	1
70×90	0.777…	非细长	$(70, 90)$	0
100×100	1.0	非细长	$(100, 100)$	0
50×50	1.0	非细长	$(50, 50)$	0

表 3-1

能看出来 $y = 1$ 表示"细长"，$y = 0$ 表示"非细长"。

这些数据是我随手准备的，我根据图像大小计算了它们的长宽比，并为它们标记了"细长"或"非细长"的标签。

这种包含成对的输入值和标签的训练数据通常需要由人来准备。有时，收集数据才是最难的部分。如果忽视了数据的准备，网络也就无法正常学习。

我常听人说训练数据的收集非常麻烦。

是啊，很麻烦，不过我们先不谈这个了。下面使用表达式 3.1 中的权重和偏置来定义神经网络 $f(x)$。

$$f(x) = a^{(2)} \left(W^{(2)} a^{(1)} \left(W^{(1)} x + b^{(1)} \right) + b^{(2)} \right) \tag{3.4}$$

这和我之前计算的表达式 3.2 的神经网络是一样的。

下面向表达式 3.4 传入表 3-1 的训练数据 x，你能算算它的输出值吗？

嗯，我算算看（表 3-2）。

图像大小	长宽比	分类	x	y	$f(x)$
100×10	0.1	细长	$(100, 10)$	1	0
100×50	0.5	非细长	$(100, 50)$	0	0
15×100	0.15	细长	$(15, 100)$	1	0
70×90	0.777…	非细长	$(70, 90)$	0	0
100×100	1.0	非细长	$(100, 100)$	0	1
50×50	1.0	非细长	$(50, 50)$	0	1

表 3-2

除了长宽比等于 1.0 的图像之外，结果全是 0 啊。

表达式 3.1 的权重和偏置原本是用来判断图像是否是正方形的呢。

呀，是呢！100×100 和 50×50 是正方形，当然要输出 1 啦。

下面，我想让你将计算得到的 $f(x)$ 和正确标签的 y 比比看，看它们是否相等。

嗯，有的正确，有的不正确。我把比较结果也添加到表里（表 3-3）。

图像大小	长宽比	分类	x	y	$f(x)$	是否相等
100×10	0.1	细长	$(100, 10)$	1	0	$y \neq f(x)$
100×50	0.5	非细长	$(100, 50)$	0	0	$y = f(x)$
15×100	0.15	细长	$(15, 100)$	1	0	$y \neq f(x)$
70×90	0.777...	非细长	$(70, 90)$	0	0	$y = f(x)$
100×100	1.0	非细长	$(100, 100)$	0	1	$y \neq f(x)$
50×50	1.0	非细长	$(50, 50)$	0	1	$y \neq f(x)$

表 3-3

 $y \neq f(x)$ 也就意味着"答案和预期不同"？

 没错。权重和偏置的学习就是针对这种"答案和预期不同"的数据，为了使它们的 y 和 $f(x)$ 的误差最小所做的学习。

 嗯？使误差最小？

 从刚才的计算结果可以看出，如果权重和偏置错误，输出值就会与正确的标签不同，对吧？

 嗯，也就是 $y \neq f(x)$ 的状态？

 是的。但在理想情况下，y 和 $f(x)$ 必须相同。

 嗯，必须是 $y = f(x)$ 的状态。

 把表达式等号右边的项移到左边看看。

$$y - f(x) = 0 \tag{3.5}$$

这是 y 和 $f(x)$ 的误差为 0 的意思。

误差最小原来是这个意思啊！$y = f(x)$ 的状态是理想的状态。换句话说，就是 y 和 $f(x)$ 的误差为 0 的状态是理想的呗？

没错。我们要调整权重和偏置，使得所有的训练数据的正确标签 y 和神经网络 $f(x)$ 的误差之和最小。

不过，使所有的训练数据的误差为 0 是很难的吧？

嗯，实际要解决的问题基本都包含了噪声，还有模棱两可的数据，所以很难让误差为 0。

说来也是。调整了权重和偏置后，往往是这个数据的输出和正确标签一样了，但那个数据的又不一样了。

所以我们用的是"误差之和最小"的说法。

我明白了。

不过，对于之前的长边判断和正方形判断这种相对简单的问题，只要训练数据是正确的，误差是可以减小到 0 的。

这样啊，那在细长判断的问题上努力一把，误差也能变为 0 吧？

说不定真行呢。我们可以在掌握了训练方法后试试看。

嗯。等下试试看。

3.4 | 目标函数

 现在我知道只要使误差之和最小就好了，但是我想不出来怎样使误差最小。应该不是由人用蛮力去算，而是有更高效的方法吧？

 当然了。方法就是使用微分哦。

 微分！之前我认真复习过，太好了！虽然没有复习完……

 你还复习了呀，真不错！

 啊，嗯……虽然没有复习完，不过基础的部分我应该是没问题的。

 这样我就放心了。让我们继续吧，首先给训练数据及其标签编号（表 3-4）。

k	图像大小	长宽比	分类	x_k	y_k	$f(x_k)$	是否相等
1	100×10	0.1	细长	$(100, 10)$	1	0	$y_1 \neq f(x_1)$
2	100×50	0.5	非细长	$(100, 50)$	0	0	$y_2 \neq f(x_2)$
3	15×100	0.15	细长	$(15, 100)$	1	0	$y_3 \neq f(x_3)$
4	70×90	0.777…	非细长	$(70, 90)$	0	0	$y_4 \neq f(x_4)$
5	100×100	1.0	非细长	$(100, 100)$	0	1	$y_5 \neq f(x_5)$
6	50×50	1.0	非细长	$(50, 50)$	0	1	$y_6 \neq f(x_6)$

表 3-4

 增加的是最左边的列 k，它只是为数据赋的编号。然后，训练数据和它们的正确标签就可以表示为 x_k 和 y_k。

也就是说，数据可以这样表示：比如第 1 个数据是 $\boldsymbol{x}_1 = (100, 10)$、$y_1 = 1$；第 2 个数据是 $\boldsymbol{x}_2 = (100, 50)$、$y_2 = 0$。对吗？

是的。记住，第 k 个数据表示为 $\boldsymbol{x}_k$ 和 y_k 哦。

给数据编号是做什么用呢？

为了使误差之和最小，首先要把"误差之和"这句话用数学表达式表示出来。绫乃你对误差已经了解了吧？

刚才的 $y - f(\boldsymbol{x})$ 就是误差吧。既然有了编号，那是不是这样写更好？

$$y_k - f(\boldsymbol{x}_k) \tag{3.6}$$

是的。这是第 k 个数据的误差，剩下的就是求误差之和了。

只要加起来就行了吧？

$$
\begin{aligned}
&(y_1 - f(\boldsymbol{x}_1)) + (y_2 - f(\boldsymbol{x}_2)) + \\
&(y_3 - f(\boldsymbol{x}_3)) + (y_4 - f(\boldsymbol{x}_4)) + \\
&(y_5 - f(\boldsymbol{x}_5)) + (y_6 - f(\boldsymbol{x}_6))
\end{aligned}
\tag{3.7}
$$

嗯。虽然这样没错，但是写法太冗长了，不如用求和符号把表达式写成这样。

$$\sum_{k=1}^{6} (y_k - f(\boldsymbol{x}_k)) \tag{3.8}$$

是呢，可以用求和符号整理表达式……果然，我还是不够熟悉 $\sum$ 符号。

这个表达式只是把从第 1 个数据到第 6 个数据的误差 $y_k - f(x_k)$ 简单地加起来而已，不要把它想得很难。表达式 3.7 和表达式 3.8 的意思完全相同。

嗯。不过，只要有 $\sum$ 符号出现，就给人一种"这是一个数学表达式！"的感觉。

你这种心情我也不是不能理解……好了，先不说这个了，这里还有一点你需要注意。

是什么？

到现在为止，我们都是默认误差为正数，以这个前提来探讨的，但有时误差并不是正数。

嗯？那是哪种情况？

你再看一下表 3-4，其中的第 1 个误差是正数，第 5 个误差就是负数哦。

$$y_1 - f(x_1) = 1 - 0 = \quad 1$$
$$y_5 - f(x_5) = 0 - 1 = -1 \tag{3.9}$$

啊，的确！不是所有的误差都是正数。

我们准备的训练数据有 6 个，由于正负相抵，这些误差之和实际就变成 0 了。

$$\sum_{k=1}^{6} (y_k - f(\boldsymbol{x}_k))$$
$$= (1-0) + (0-0) + (1-0) + (0-0) + (0-1) + (0-1)$$
$$= 1 + 0 + 1 + 0 + (-1) + (-1)$$
$$= 0 \tag{3.10}$$

 原来是这种情况啊。回答错误的数据明明有 4 个，但误差之和的计算结果却是 0，这样不行啊。

 对呀。所以，我们需要把误差都变为正数。该怎么做呢？绫乃你思考一下。

 全变为正数……取绝对值？

$$\sum_{k=1}^{6} |y_k - f(\boldsymbol{x}_k)| \tag{3.11}$$

 取绝对值确实可以让误差都变为正数，但我们通常不使用这个方法。

 为什么呀？

 前面提到过要利用微分，后面我们要对误差之和求微分。如果在这里使用绝对值，我们就要对绝对值求微分，这是需要避免的。

 绝对值的微分是不是很难呀？

 因为有的地方不能求微分，能求的时候也可能要分成几种情况来处理，这有些麻烦。

那该怎么办呀？还有其他将数值变为正数的方法吗？

如果是实数，可以用平方来代替绝对值。平方的微分很好计算。

$$\sum_{k=1}^{6} \left(y_k - f\left(\boldsymbol{x}_k\right)\right)^2 \tag{3.12}$$

对呀，平方也绝对是正数呢。

总之，我们现在已经成功地用表达式来表示误差之和了。

所以，之前你每次说到误差之和时，其实指的是表达式 3.12 吧？

是的。每个误差的平方必定是正数，所以如果表达式 3.12 的值接近最小值，也就意味着误差逐渐消失。

那我们调整权重和偏置，使表达式 3.12 的值变小，神经网络 $f(\boldsymbol{x})$ 就会输出正确的值了吧？

是的呢。如果把误差之和以权重和偏置的函数来表示，应该会更好理解。

$$E\left(\boldsymbol{W}^{(1)}, \boldsymbol{b}^{(1)}, \boldsymbol{W}^{(2)}, \boldsymbol{b}^{(2)}\right) = \sum_{k=1}^{6} \left(y_k - f\left(\boldsymbol{x}_k\right)\right)^2 \tag{3.13}$$

E 取的是误差的英语 Error 的首字母。

嗯，关于 E 我懂了。不过，为什么以权重和偏置的函数来表示误差之和更好呢？

举个例子吧，看一下这个函数。

$$g(x)=x^2 \tag{3.14}$$

简单的二次函数？

这是 x 的函数，当 x 的值发生变化时，$g(x)$ 的值也发生变化，对吧？

嗯。如果 $x=1$，则 $g(1)=1$；如果 $x=2$，则 $g(2)=4$。$g(x)$ 随着 x 的变化而变化。

道理是一样的。现在我们关注的是权重和偏置，对吧？如果它们发生变化，神经网络的输出值也会变化，进而误差之和也跟着变化。

也就是说，表示误差之和的函数 E 的值随着权重和偏置的变化而变化？

是的。之所以采用这种写法，是为了让我们更容易意识到这一点。

不过，$E\left(\boldsymbol{W}^{(1)}, \boldsymbol{b}^{(1)}, \boldsymbol{W}^{(2)}, \boldsymbol{b}^{(2)}\right)$ 这种写法也太长了……

是啊。的确有些冗长，所以把所有参数用一个 $\boldsymbol{\Theta}$ 符号来代替，或许会更好。

$$\boldsymbol{\Theta} = \left\{ \boldsymbol{W}^{(1)}, \boldsymbol{b}^{(1)}, \boldsymbol{W}^{(2)}, \boldsymbol{b}^{(2)} \right\}$$
$$E(\boldsymbol{\Theta}) = \sum_{k=1}^{6} \left(y_k - f\left(\boldsymbol{x}_k\right)\right)^2 \tag{3.15}$$

又出现了 $\boldsymbol{\Theta}$……

$\boldsymbol{\Theta}$ 是 θ 的大写字母，读作西塔，常用来表示未知数。

我明白了，原来要把权重和偏置作为未知数。

现在我们可以说要去找使 $E(\boldsymbol{\Theta})$ 最小的 $\boldsymbol{\Theta}$（实际为 $\boldsymbol{W}^{(1)}, \boldsymbol{b}^{(1)},$ $\boldsymbol{W}^{(2)}, \boldsymbol{b}^{(2)}$）了。

这就不是无方向地乱查找了，而是知道了查找的方向。

另外，这次的训练数据有 6 个，所以加了 6 次，但一般来说，如果训练数据有 n 个，常常会把表达式写成这样。

$$E(\boldsymbol{\Theta}) = \sum_{k=1}^{n} \left(y_k - f\left(\boldsymbol{x}_k\right)\right)^2 \tag{3.16}$$

求和符号上面的数字由 6 变成了 n，意味着把 n 个训练数据的误差加起来。

最后还有一个技巧，就是要用误差之和乘以 $\frac{1}{2}$。

$$E(\boldsymbol{\Theta}) = \frac{1}{2}\sum_{k=1}^{n} \left(y_k - f\left(\boldsymbol{x}_k\right)\right)^2 \tag{3.17}$$

啊，为什么突然要乘以 $\frac{1}{2}$ 呢?

等一下要对误差求微分，这是为了让得到的表达式更简单而引入的。

哦，这就像后面才会有效果的魔法呢。不过，可以随便乘以 $\frac{1}{2}$ 吗？

如果只是乘以正的常数，只会使误差之和上下变化，而使误差之和最小的 Θ 本身的值却不会发生变化，所以没关系。

原来是这样。

这种寻找使某个函数值最小的参数的问题叫作**最优化问题**，而在最优化问题中，寻找最小值的函数叫作**目标函数**。这两个概念需要记住哦！这次的 $E(\Theta)$ 就是目标函数。

最优化问题和目标函数，我记住啦！

3.5 | 梯度下降法

现在我知道目标函数了，但还是不知道如何修改权重和偏置。我只知道比较修改权重和偏置前后的误差，观察它是否越来越接近正确答案。

有好的解决办法的，让我们一起来想一想。

怎么做呢？

这要用我们前面提到过几次的微分来解决。在寻找最优化问题中的最优参数时，经常要用到我接下来要介绍的方法，你要好好理解哦。

微分意味着变化的幅度，对吧？

没错。为了理解微分是如何用于解决最优化问题的，我们先用它来解决简单的问题。

什么样的问题呢？举个例子吧。

嗯，我想想……有了！就是下面这个问题。

有表达式为 $g(x) = (x-1)^2$ 的函数 $g(x)$，求使 $g(x)$ 最小的 x。

啊，又是二次函数……在 $x = 1$ 时，$g(1) = 0$，值最小（图 3-2）。这个马上就能看出来。

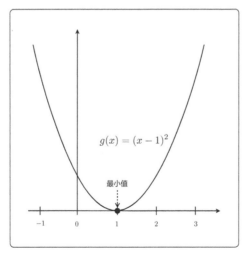

图 3-2

是的。我的意思是，特意尝试用解决最优化问题的方法来求得这个问题的答案 $x = 1$。

我明白你的意思了。

首先，建立函数 $g(x)$ 的增减表。还记得增减表吗？

是用来查看函数的增减是如何变化的表吧？

对。能够看出"当 x 在这个范围内时 $g(x)$ 持续增大，当 x 在那个范围内时 $g(x)$ 持续减小"这种函数状态的就是增减表。

求微分，然后观察符号就可以了吧。

不愧是绫乃！那我们赶快计算一下 $g(x)$ 的微分吧，你能算出来吗？

我之前复习过微分。

$$\begin{aligned}
\frac{\mathrm{d}g(x)}{\mathrm{d}x} &= \frac{\mathrm{d}}{\mathrm{d}x}(x-1)^2 \\
&= \frac{\mathrm{d}}{\mathrm{d}x}\left(x^2 - 2x + 1\right) \\
&= 2x - 2
\end{aligned} \tag{3.18}$$

这样就可以了，我们根据导函数的符号，创建增减表吧。

导函数是微分后的函数吧。只要看 $2x - 2$ 的符号就行了，所以增减表是这样的（表3-5），没错吧？

x 的范围	$\dfrac{\mathrm{d}g(x)}{\mathrm{d}x}$ 的符号	$g(x)$ 的增减
$x < 1$	$-$	↘
$x = 1$	0	
$x > 1$	$+$	↗

表 3-5

嗯。从这个增减表可以看出，当 $x < 1$ 时，图形向右下角延伸；反之，当 $x > 1$ 时，图形向右上角延伸。

结合图 3-2 的图形进行观察，可知这个结论是对的。

知道了图形是如何增减的，也就等于知道 x 向哪个方向移动会使 $g(x)$ 的值变小。

向哪个方向移动……？

那让我们来考虑一下当 $x = 3$ 时的情况吧。当 $x = 3$ 时，$g(x) = 4$，不是最小值。这一点从图 3-2 也能很容易就看出来，为了使结果接近最小值，我们应该向右还是向左移动 x 呢？

啊，原来是这个意思。向左移动 x 会使结果接近最小值（图 3-3）。

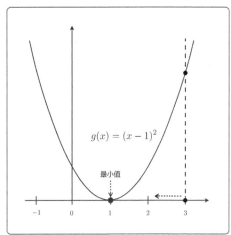

$g(x) = (x - 1)^2$

最小值

图 3-3

没错。假设 $x = 3$。这时，如果使 x 变小，也会使 $g(x)$ 变小。

嗯，是这样的。

那如果这次 $x = -1$，情况会怎么样呢？为了使 $g(x)$ 接近最小值，该往哪个方向移动呢？

这次是向右移动（图 3-4）。

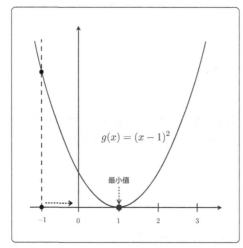

图 3-4

也就是假设 $x = -1$。这时，如果使 x 变大，则 $g(x)$ 会变小。

我明白了。了解了图形的形状，就知道应该是增大还是减小 x 了。

刚才考虑的是 $x = 3$ 和 $x = -1$ 这种具体的数值，我们稍微总结一下，可以得出这些结论。

• 当 $x < 1$ 时，增大 x，$g(x)$ 减小
• 当 $x > 1$ 时，减小 x，$g(x)$ 减小

那我把这些结论整理到刚才的增减表 3-5 中（表 3-6）。

x 的范围	$\frac{\mathrm{d}g(x)}{\mathrm{d}x}$ 的符号	$g(x)$ 的增减	要使 $g(x)$ 最小，该怎么做
$x < 1$	−	↘	增大 x
$x = 1$	0		已是最小值
$x > 1$	+	↗	减小 x

表 3-6

赞一个！从表中可以看出，要使 $g(x)$ 最小，x 应该移动的方向与导函数的符号是联动的。

是沿着与导函数符号相反的方向移动吗?

没错。当导函数的符号为负时，增大 x；当导函数的符号为正时，减小 x。这样一来，$g(x)$ 自然而然就会变小。

明白了。

"沿着与导函数的符号相反的方向移动"的部分，直接写成表达式，是这样的。

$$x := x - \frac{\mathrm{d}g(x)}{\mathrm{d}x} \tag{3.19}$$

你可能还不熟悉 A := B 这种写法。它的意思是，A 是由 B 定义的。

通过将 x 沿着与导函数的符号相反的反向移动，来定义之后的新的 x?

嗯。不断重复这一操作，使得 $g(x)$ 不断变小，直到它最终变为最小值为止。

$g(x)$ 的微分是 $2x - 2$，将其代入表达式 3.19，可以得到这个表达式。

$$x := x - (2x - 2) \tag{3.20}$$

没错。

刚才的例子是从 $x = 3$ 开始的，使用表达式 3.20 来不断更新，就能使 $g(x)$ 最小。

$$
\begin{aligned}
x := 3 - (2 \times 3 - 2) \qquad &= 3 - 4 \qquad &= -1 \quad &\text{第 1 次更新} \\
x := -1 - (2 \times (-1) - 2) \quad &= -1 + 4 \quad &= 3 \quad &\text{第 2 次更新} \\
x := 3 - (2 \times 3 - 2) \qquad &= 3 - 4 \qquad &= -1 \quad &\text{第 3 次更新} \\
x := -1 - (2 \times (-1) - 2) \quad &= -1 + 4 \quad &= 3 \quad &\text{第 4 次更新}
\end{aligned} \tag{3.21}
$$

哎呀，好像死循环了（图 3-5）。哪里算错了吗?

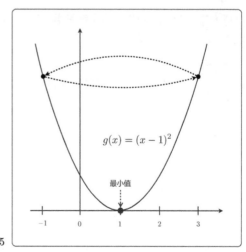

$$g(x) = (x-1)^2$$

最小值

图 3-5

表达式 3.19 只是表示沿着与导函数符号相反的方向移动的做法，但从实际操作来说，光这样做是不够的。

这样啊……

除了已知的"向哪个方向移动"的信息之外，我们还需要考虑"要移动多少"。

如果不想好，就会出现刚才那种 x 移动幅度过大，无法取得满意结果的情况吧？

是的。考虑到这一点，我对表达式 3.19 做了一点修改。改后是这样的。

$$x := x - \eta \frac{\mathrm{d}g(x)}{\mathrm{d}x} \tag{3.22}$$

只增加了 η。这是什么？

它读作伊塔，叫作**学习率**，是一个正的常数。我们通过它来控制 x 的移动量。

刚才我陷入计算死循环的时候，是在 $\eta = 1$ 的前提下计算的吧？

是的。如果 $\eta = 1$，那么 x 的移动幅度就太大了。这次我们让 $\eta = 0.1$，然后再计算，应该就没问题了。

我试试！小数的计算有点麻烦，所以小数点后仅保留一位，第 2 位及以后的我就舍弃喽。

$$
\begin{aligned}
x &:= 3 - 0.1 \times (2 \times 3 - 2) & = 3 - 0.4 & = 2.6 & \text{第 1 次更新} \\
x &:= 2.6 - 0.1 \times (2 \times 2.6 - 2) & = 2.6 - 0.3 & = 2.3 & \text{第 2 次更新} \\
x &:= 2.3 - 0.1 \times (2 \times 2.3 - 2) & = 2.3 - 0.2 & = 2.1 & \text{第 3 次更新} \\
x &:= 2.1 - 0.1 \times (2 \times 2.1 - 2) & = 2.1 - 0.2 & = 1.9 & \text{第 4 次更新}
\end{aligned} \tag{3.23}
$$

这次逐渐接近 $x = 1$ 了（图 3-6）！

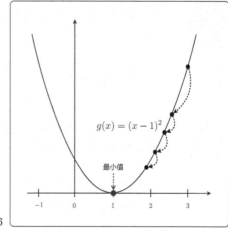

$g(x) = (x-1)^2$

最小值

图 3-6

如果 η 太大，会导致 x 跳来跳去的，甚至可能远离最小值。这种状态叫作**发散**。

反之，如果取较小的 η 值，会使 x 的移动量变小。虽然能够使它接近最小值，但也会增加更新的次数。这种状态叫作**收敛**。

如果不取小的 η 值，即使向正确的方向移动，也不会接近最小值。

前面聊的就是使用微分来解决最优化问题的方法，这种方法叫作**梯度下降法**。

这个方法好棒。

让我们回到目标函数的话题。

$$E(\boldsymbol{\Theta}) = \frac{1}{2} \sum_{k=1}^{n} (y_k - f(\boldsymbol{x}_k))^2$$

(3.24)

要使用梯度下降法找到使这个目标函数最小的 Θ，该怎么做呢？想想看。

嗯……怎么办才好呢？

在刚才的例子中，我们不是一边更新 x 一边让 $g(x)$ 变小了嘛。这种做法也可以用于目标函数。

那这次我们一边更新 Θ 一边让 $E(\Theta)$ 变小就行了。对表达式 3.22 照葫芦画瓢，更新的表达式应该是这样的吧？

$$\Theta := \Theta - \eta \frac{\mathrm{d}}{\mathrm{d}\Theta} E(\Theta) \tag{3.25}$$

如果直接置换的话，表达式确实是这样的。不过，还得再想想。好好回忆一下，Θ 到底是什么来着？

我想起来了！Θ 是权重矩阵和偏置合在一起的变量。

$$\Theta = \{\boldsymbol{W}^{(1)}, \boldsymbol{b}^{(1)}, \boldsymbol{W}^{(2)}, \boldsymbol{b}^{(2)}\} \tag{3.26}$$

没错，其中的权重矩阵和偏置向量也有各自的元素。

$$\boldsymbol{W}^{(1)} = \left[\begin{array}{cc} w_{11}^{(1)} & w_{12}^{(1)} \\ w_{21}^{(1)} & w_{22}^{(1)} \end{array} \right], \ \boldsymbol{W}^{(2)} = \left[\begin{array}{cc} w_{11}^{(2)} & w_{12}^{(2)} \end{array} \right]$$

$$\boldsymbol{b}^{(1)} = \left[\begin{array}{c} b_1^{(1)} \\ b_2^{(1)} \end{array} \right], \qquad\qquad \boldsymbol{b}^{(2)} = \left[b_1^{(2)} \right] \tag{3.27}$$

对哦，$w_{ij}^{(l)}$ 和 $b_i^{(l)}$ 是实际的权重和偏置的值呀。

所以我们正在关注的目标函数 $E(\Theta)$ 实际上有 9 个变量呢。

前面探讨 $g(x)$ 的时候，变动的值只有 x 这 1 个，所以你的意思是，这次变动的值有 9 个？

是的呢。在处理至少有两个变量的多变量函数时，也可以使用梯度下降法，但需要注意的是，在微分时要使用只关注会变动的变量的**偏微分**。

原来是要用到偏微分了。

以此为基础，我们可以这样写参数更新的表达式。

$$w_{ij}^{(l)} := w_{ij}^{(l)} - \eta \frac{\partial E(\boldsymbol{\Theta})}{\partial w_{ij}^{(l)}}$$

$$b_i^{(l)} := b_i^{(l)} - \eta \frac{\partial E(\boldsymbol{\Theta})}{\partial b_i^{(l)}}$$

$$(3.28)$$

这是分别更新每个权重和偏置的做法。

当然，为了求出这个更新表达式，我们必须计算 $E(\boldsymbol{\Theta})$ 对每个变量的偏微分。你随便选个权重试试？

哎呀，看起来好难啊……那我选择计算对第 1 层的权重 $w_{11}^{(1)}$ 的偏微分吧。

$$\frac{\partial E(\boldsymbol{\Theta})}{\partial w_{11}^{(1)}}$$

$$= \frac{\partial}{\partial w_{11}^{(1)}} \left(\frac{1}{2} \sum_{k=1}^{n} \left(y_k - f\left(\boldsymbol{x}_k\right) \right)^2 \right) \quad \cdots\cdots 代入表达式 3.24$$

$$= \frac{1}{2} \cdot \frac{\partial}{\partial w_{11}^{(1)}} \sum_{k=1}^{n} \left(y_k - f\left(\boldsymbol{x}_k\right) \right)^2 \quad \cdots\cdots 将常量移到微分外部$$

$$= \frac{1}{2} \cdot \frac{\partial}{\partial w_{11}^{(1)}} \sum_{k=1}^{n} \left(y_k - \boldsymbol{a}^{(2)} \left(\boldsymbol{W}^{(2)} \boldsymbol{a}^{(1)} \left(\boldsymbol{W}^{(1)} \boldsymbol{x} + \boldsymbol{b}^{(1)} \right) + \boldsymbol{b}^{(2)} \right) \right)^2$$

$$\cdots\cdots 代入表达式 3.4$$

$$(3.29)$$

呀，这是怎么回事？$w_{11}^{(1)}$ 本来在哪里呀？算了吧，好难啊。

神经网络的每一层都要应用非线性的激活函数，所以它实际上是一个庞大而复杂的复合函数。

啊，复合函数……

仔细观察神经网络的激活函数的表达式 $a^{(2)}\left(\boldsymbol{W}^{(2)}a^{(1)}\left(\boldsymbol{W}^{(1)}\boldsymbol{x}+\boldsymbol{b}^{(1)}\right)+\boldsymbol{b}^{(2)}\right)$，我们会发现它和 $a^{(2)}\left(a^{(1)}(x)\right)$ 差不多，函数外面套了一层函数。这种函数套函数的情况叫作复合函数，复合函数的微分非常复杂。

可不是嘛，我一看就懵了。

你看，$w_{11}^{(1)}$ 是包含在 $\boldsymbol{W}^{(1)}$ 中的，所以应该出现在 $a^{(1)}\left(\boldsymbol{W}^{(1)}\boldsymbol{x}+\boldsymbol{b}^{(1)}\right)$ 中。一般来说，单个函数 $a^{(1)}\left(\boldsymbol{W}^{(1)}\boldsymbol{x}+\boldsymbol{b}^{(1)}\right)$ 的微分是不难的，但是 $a^{(2)}\left(a^{(1)}\left(\boldsymbol{W}^{(1)}\boldsymbol{x}+\boldsymbol{b}^{(1)}\right)\right)$ 这种复合函数的微分就很麻烦了。

可不，看上去就很难啊。不过，美绪你是能解出这个问题的吧？

我们现在探讨的神经网络只有 2 层，所以加把劲儿的话肯定能解出来。可是，如果层级更深，比如说 $a^{(5)}\left(a^{(4)}\left(a^{(3)}\left(a^{(2)}\left(a^{(1)}(\boldsymbol{x})\right)\right)\right)\right)$ 这样有 5 层的神经网络，想想就令人头疼了。

嗯，这种确实相当麻烦了。$w_{11}^{(1)}$ 是最开始的层的权重，在经过多个函数后，对它进行微分非常难吧？

至少我觉得很麻烦。

啊，那你为什么还让我求这个微分呢……

哈哈，我没想到你上来就选了对 $w_{11}^{(1)}$ 的微分的计算啊。不过，正因如此，你才体会到了神经网络微分的不易，不是吗?

嗯，你都说难了，那我肯定也算不出来。

正面解决层较深的神经网络的微分是相当困难的，但是如果稍微用些技巧，也能比较简单地计算出来，让我们一起思考一下吧。

3.6 | 小技巧：德尔塔

什么嘛，原来有更简单的方法啊! 你应该一开始就告诉我嘛。

做事情都是有顺序的，按正确的顺序来就可以理清头绪了。刚才我们都意识到了老方法有多难，这样就更能体会到新方法的可贵了。

说的也是。直接上框架的确轻松，但自己努力从零开始实现全部过程的经验更能加深理解嘛。

不愧是程序员啊，举的例子都是编程相关的。

不好意思呀，我说的是不是不好理解呀?

没有啊，我懂的，道理是一样的哦。

我想也是。那么，具体该怎么做呢?

刚才我们说，对 $w_{11}^{(1)}$ 这种靠近输入层的权重进行微分，是很难计算的。但是反过来想，对靠近输出层的权重进行微分，计算起来就相对简单了。因此，我们就先从这里着手吧。

哦，这是逆向思维啊。不过，真的有那么简单吗？

为了便于理解"即使增加层也能简单计算微分"的优点，我们以在现在讨论的神经网络上再多 1 层的网络为例。

也就是说，一个共有 3 层的神经网络？

嗯，这也意味着我们要各定义 3 个权重矩阵和偏置向量。

$$\boldsymbol{W}^{(1)} = \left[\begin{array}{cc} w_{11}^{(1)} & w_{12}^{(1)} \\ w_{21}^{(1)} & w_{22}^{(1)} \end{array} \right], \quad \boldsymbol{W}^{(2)} = \left[\begin{array}{cc} w_{11}^{(2)} & w_{12}^{(2)} \\ w_{21}^{(2)} & w_{22}^{(2)} \end{array} \right], \quad \boldsymbol{W}^{(3)} = \left[\begin{array}{cc} w_{11}^{(3)} & w_{12}^{(3)} \end{array} \right]$$

$$\boldsymbol{b}^{(1)} = \left[\begin{array}{c} b_1^{(1)} \\ b_2^{(1)} \end{array} \right], \qquad \boldsymbol{b}^{(2)} = \left[\begin{array}{c} b_1^{(2)} \\ b_2^{(2)} \end{array} \right], \qquad \boldsymbol{b}^{(3)} = \left[\begin{array}{c} b_1^{(3)} \end{array} \right]$$

$$(3.30)$$

神经网络是这样的（图 3-7）。

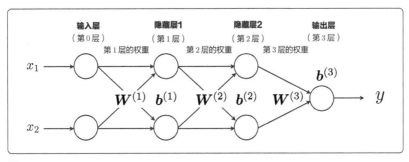

图 3-7

在这个神经网络中，最接近输出层的权重是第 3 层的权重 $\boldsymbol{W}^{(3)}$。

嗯……你的意思是，对权重 $w_{ij}^{(3)}$ 进行偏微分的计算比较简单？

没错。不过，不要一上来就计算 $w_{ij}^{(3)}$，我们先对具体的权重 $w_{11}^{(3)}$ 进行偏微分的计算。

$$\frac{\partial E(\boldsymbol{\Theta})}{\partial w_{11}^{(3)}} \tag{3.31}$$

这个权重是图 3-8 中的这部分吧？

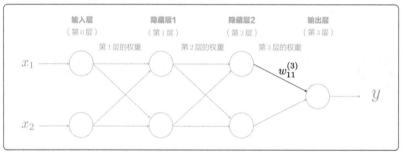

图 3-8

是的。而且，为了今后思考起来更简单，我们不使用误差之和 $E(\boldsymbol{\Theta})$，而是使用求和之前的各个误差 $E_k(\boldsymbol{\Theta})$。

$$E(\boldsymbol{\Theta}) = \frac{1}{2} \sum_{k=1}^{n} (y_k - f(\boldsymbol{x}_k))^2$$

$$E_k(\boldsymbol{\Theta}) = \frac{1}{2} (y_k - f(\boldsymbol{x}_k))^2 \tag{3.32}$$

也就是计算各个误差 $E_k(\boldsymbol{\Theta})$ 对 $w_{11}^{(3)}$ 的偏微分哦。

$$\frac{\partial E_k(\boldsymbol{\Theta})}{\partial w_{11}^{(3)}} \tag{3.33}$$

啊，这样计算呀？不使用误差之和吗？那一开始不就没必要求误差之和了嘛。

不是哦，这是计算顺序的问题。先求误差之和，再计算整体的偏微分，和先计算各个误差的偏微分，最后再求总和，结果是一样的。

$$\frac{\partial}{\partial w_{11}^{(3)}}\left(\sum_{k=1}^{n} E_k(\boldsymbol{\Theta})\right) = \sum_{k=1}^{n}\left(\frac{\partial E_k(\boldsymbol{\Theta})}{\partial w_{11}^{(3)}}\right) \tag{3.34}$$

我懂啦，原来总和与微分的计算顺序是可以交换的。

嗯。这样在计算偏微分时就没有求和符号了，表达式既变得简单了，也更容易理解了。

越简单越好。

那咱们一起来计算一下偏微分吧。

咱们不是要计算 $E_k(\boldsymbol{\Theta})$ 对 $w_{11}^{(3)}$ 的偏微分吗？可我看表达式 3.32 的 $E_k(\boldsymbol{\Theta})$ 中哪儿都没有 $w_{11}^{(3)}$ 啊。那该怎么计算偏微分呢？

嗯，对于难以直接计算偏微分的情况，我们采取分割偏微分的策略来计算。

分割偏微分？

我们一个一个地去看吧。首先，找到 $w_{11}^{(3)}$ 在目标函数 $E_k(\boldsymbol{\Theta})$ 中的位置。

嗯，是呀，不管怎么说，找不到 $w_{11}^{(3)}$，就没法计算微分呢。

你还记得吗？在处理第 k 个数据 $\boldsymbol{x}_k$ 时，神经网络是像这样，通过在层与层之间传递数值来计算输出值的。

$$\boldsymbol{x}^{(0)} = \boldsymbol{x}_k \quad \cdots\cdots 输入层$$

$$\boldsymbol{x}^{(1)} = \boldsymbol{a}^{(1)}\left(\boldsymbol{W}^{(1)}\boldsymbol{x}^{(0)} + \boldsymbol{b}^{(1)}\right) \quad \cdots\cdots 第 1 层$$

$$\boldsymbol{x}^{(2)} = \boldsymbol{a}^{(2)}\left(\boldsymbol{W}^{(2)}\boldsymbol{x}^{(1)} + \boldsymbol{b}^{(2)}\right) \quad \cdots\cdots 第 2 层$$

$$\boldsymbol{x}^{(3)} = \boldsymbol{a}^{(3)}\left(\boldsymbol{W}^{(3)}\boldsymbol{x}^{(2)} + \boldsymbol{b}^{(3)}\right) \quad \cdots\cdots 第 3 层$$

$$f\left(\boldsymbol{x}_k\right) = \boldsymbol{x}^{(3)} \quad \cdots\cdots 输出层 \tag{3.35}$$

嗯，当然记得啦。

那我们反过来从输出值的角度来想想看。好好看着哦！

$$
\begin{aligned}
f\left(\boldsymbol{x}_k\right) &= \boldsymbol{x}^{(3)} \quad \cdots\cdots 输出值 \\
&= \boldsymbol{a}^{(3)}\left(\boldsymbol{W}^{(3)}\boldsymbol{x}^{(2)} + \boldsymbol{b}^{(3)}\right) \quad \cdots\cdots 第 3 层 \\
&= \boldsymbol{a}^{(3)}\left(\begin{bmatrix} w_{11}^{(3)} & w_{12}^{(3)} \end{bmatrix}\begin{bmatrix} x_1^{(2)} \\ x_2^{(2)} \end{bmatrix} + \begin{bmatrix} b_1^{(3)} \end{bmatrix}\right) \quad \cdots\cdots 代入表达式 3.30 \\
&= a^{(3)}\left(w_{11}^{(3)}x_1^{(2)} + w_{12}^{(3)}x_2^{(2)} + b_1^{(3)}\right) \quad \cdots\cdots 展开权重和偏置
\end{aligned}
\tag{3.36}
$$

看一下表达式 3.36 的最后一行，这下有 $w_{11}^{(3)}$ 了吧？

有了，它在激活函数 $a^{(3)}$ 的括号中出现了。

我们先把激活函数括号内的部分定义为 $z_1^{(3)}$。

$$z_1^{(3)} = w_{11}^{(3)} x_1^{(2)} + w_{12}^{(3)} x_2^{(2)} + b_1^{(3)} \tag{3.37}$$

咦，为什么突然定义了 $z_1^{(3)}$ 呢？

这是为分割偏微分所做的准备。我们可以把 $z_1^{(3)}$ 看作应用激活函数之前的第 3 层的第 1 个单元的输入，它也叫作**加权输入**（图 3-9）。

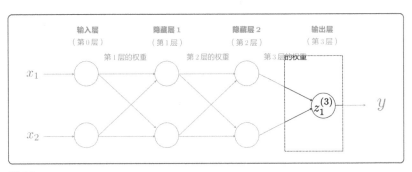

图 3-9

使用 $z_1^{(3)}$，就可以把表达式 3.32 的误差 $E_k(\boldsymbol{\Theta})$ 改写成这个形式，这里没问题吧？

$$E_k(\boldsymbol{\Theta}) = \frac{1}{2} \left(y_k - f(\boldsymbol{x}_k) \right)^2$$
$$= \frac{1}{2} \left(y_k - a^{(3)} \left(z_1^{(3)} \right) \right)^2 \tag{3.38}$$

嗯。把表达式 3.36 和表达式 3.37 组合起来，就可以得到 $f(\boldsymbol{x}_k) = a^{(3)} z_1^{(3)}$ 了，你把它替换到这个表达式里了吧？

是的。现在我们要计算的是 $E_k(\boldsymbol{\Theta})$ 对 $w_{11}^{(3)}$ 的偏微分，根据表达式 3.37 和表达式 3.38，我们可以知道这些信息。

$w_{11}^{(3)}$ 包含在　$z_1^{(3)}$　中

$z_1^{(3)}$　包含在　$E_k(\boldsymbol{\Theta})$　中

知道什么在什么之中后，我们就可以像这样来划分微分了。

$$\frac{\partial E_k(\boldsymbol{\Theta})}{\partial w_{11}^{(3)}} = \frac{\partial E_k(\boldsymbol{\Theta})}{\partial z_1^{(3)}} \cdot \frac{\partial z_1^{(3)}}{\partial w_{11}^{(3)}} \tag{3.39}$$

分别计算 $E_k(\boldsymbol{\Theta})$ 对 $z_1^{(3)}$ 的偏微分，还有 $z_1^{(3)}$ 对 $w_{11}^{(3)}$ 的偏微分，然后把它们相乘?

是的。比起直接计算 $E_k(\boldsymbol{\Theta})$ 对 $w_{11}^{(3)}$ 的偏微分，还是一个一个地计算分割后的偏微分更容易，所以才进行了分割。

原来是这个原因，那我先算算 $z_1^{(3)}$ 对 $w_{11}^{(3)}$ 的偏微分。

$$\begin{aligned} \frac{\partial z_1^{(3)}}{\partial w_{11}^{(3)}} &= \frac{\partial}{\partial w_{11}^{(3)}} \left(w_{11}^{(3)} x_1^{(2)} + w_{12}^{(3)} x_2^{(2)} + b_1^{(3)} \right) \\ &= x_1^{(2)} \end{aligned} \tag{3.40}$$

结果非常简洁嘛。我算得对吗?

没问题，计算正确。

接下来，是 $E_k(\boldsymbol{\Theta})$ 对 $z_1^{(3)}$ 的偏微分了。

没错。不过，这部分不要计算，这里先使用符号来代替它。

$$\delta_1^{(3)} = \frac{\partial E_k(\boldsymbol{\Theta})}{\partial z_1^{(3)}}$$

(3.41)

又有新的符号了……

这个符号叫作德尔塔。用语言不太好描述 $\delta_1^{(3)}$ 到底是什么，把它当作对于第 3 层第 1 个单元的输出值的小误差就行了（图 3-10）。

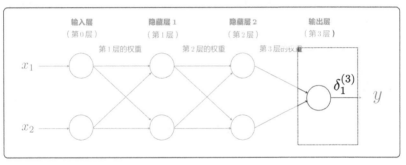

图 3-10

δ 常用于表示微小的变化量，它在这里也表示这个意思。

嗯……我还不是很理解，不过，只要知道 $\delta_1^{(3)}$ 是加权输入的偏微分就行了吧？

是的，这样就可以了。接下来，使用表示了分割后偏微分结果的表达式 3.40 和表达式 3.41，最终就能得到 $E_k(\boldsymbol{\Theta})$ 对 $w_{11}^{(3)}$ 进行偏微分的表达式。

$$\frac{\partial E_k(\boldsymbol{\Theta})}{\partial w_{11}^{(3)}} = \delta_1^{(3)} \cdot x_1^{(2)}$$

(3.42)

呀，变成简单的表达式啦！

 刚才我们探讨的是 $w_{11}^{(3)}$。对于 $w_{12}^{(3)}$，我们也可以用同样的方法计算。

 $w_{12}^{(3)}$ 是神经网络中这部分的权重吧（图 3-11）？原来区别只在于下标的不同，计算方法是一样的啊。

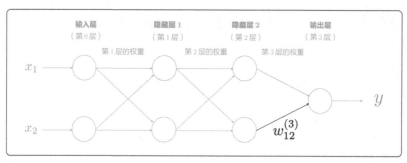

图 3-11

 这样一来，我们就得到了表示对第 3 层的权重 $w_{11}^{(3)}$、$w_{12}^{(3)}$ 进行偏微分的表达式。

$$\frac{\partial E_k(\boldsymbol{\Theta})}{\partial w_{11}^{(3)}} = \delta_1^{(3)} \cdot x_1^{(2)}$$
$$\frac{\partial E_k(\boldsymbol{\Theta})}{\partial w_{12}^{(3)}} = \delta_1^{(3)} \cdot x_2^{(2)} \tag{3.43}$$

 这两个表达式中似乎存在某种规律呀。

 没错。采取同样的做法找到 $w_{ij}^{(l)}$ 在 $E_k(\boldsymbol{\Theta})$ 中的位置，并使用分割微分的策略，我们就能得到通用的对 $w_{ij}^{(l)}$ 进行偏微分的表达式啦。

$$\frac{\partial E_k(\boldsymbol{\Theta})}{\partial w_{ij}^{(l)}} = \delta_i^{(l)} \cdot x_j^{(l-1)} \quad \left(\delta_i^{(l)} = \frac{\partial E_k(\boldsymbol{\Theta})}{\partial z_i^{(l)}} \right) \tag{3.44}$$

这是一个只有 $\delta_i^{(l)}$ 和 $x_j^{(l-1)}$ 的简单的表达式呢！

$x_j^{(l-1)}$ 是正向传播时计算的值，我们已经知道它的结果了，所以只要计算出 $\delta_i^{(l)}$，就能得到偏微分的结果了。

比起对权重进行偏微分的计算，对加权输入进行偏微分德尔塔的计算更简单，是吧？

是的。求这个德尔塔的计算方法就是神经网络的关键哦！

那下面我们就要去思考如何求德尔塔了吧？

没错。$z_i^{(l)}$ 和 $\delta_i^{(l)}$ 这些符号表示输入层以外的各单元的值（图 3-12）。

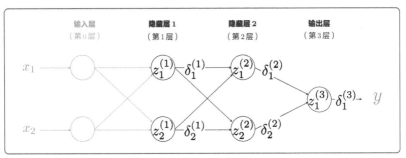

图 3-12

用好这些值，就能简单地计算对各权重的偏微分了。

什么叫作"用好"呢？我完全想不出来。

之后会结合德尔塔的计算方法一起去思考哦。

 嗯……不过，请等一下。我感觉话题越讲越远了，让我先理理思路吧。

 的确。为了不偏离正题，我们最好在这里再确认一下原本的目的和今后前进的方向。

 嗯。一开始我们聊的是神经网络的训练方法，对吧？

 把我们已经讲过的内容整理之后是这样的（图 3-13）。

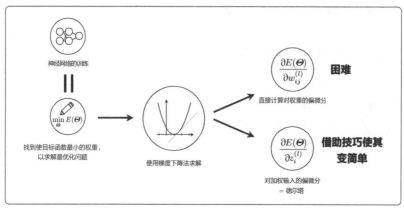

图 3-13

 哇，这样整理后好清晰呀！

 总的来说，就是为了使用梯度下降法求解最优化问题，我们要用到对权重的偏微分，但比起直接计算对权重 $w_{ij}^{(l)}$ 的偏微分，计算表达式 3.44 中的对加权输入的偏微分更简单。

求出对 $z_i^{(l)}$ 的偏微分，也就意味着间接求出了对 $w_{ij}^{(l)}$ 的偏微分吧？

 没错！

 这样我就懂啦，咱们继续下一个话题吧。接下来，是要思考如何求德尔塔吧？

 是的，理念在于"德尔塔的复用"。

3.7 | 德尔塔的计算

3.7.1 | 输出层的德尔塔

 德尔塔的计算大致可分为输出层和隐藏层两种类型。我们先来看看输出层的德尔塔吧（图 3-14）。

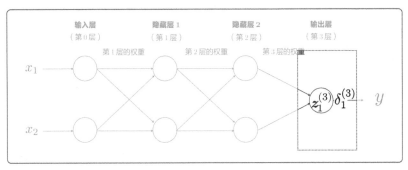

图 3-14

$$\delta_1^{(3)} = \frac{\partial E_k(\boldsymbol{\Theta})}{\partial z_1^{(3)}}$$

$$(3.45)$$

这个要如何求解呢?

回忆一下表达式 3.38。随便找个字母 v，然后用它像这样表示 $E_k(\boldsymbol{\Theta})$ 的表达式。

$$v = y_k - a^{(3)}\left(z_1^{(3)}\right)$$
$$E_k(\boldsymbol{\Theta}) = \frac{1}{2}v^2 \tag{3.46}$$

根据表达式 3.46，可以得出这些结论。

$z_1^{(3)}$ 包含在 v 中

v 包含在 $E_k(\boldsymbol{\Theta})$ 中

所以，我们可以这样来分割偏微分。

$$\frac{\partial E_k(\boldsymbol{\Theta})}{\partial z_1^{(3)}} = \frac{\partial E_k(\boldsymbol{\Theta})}{\partial v} \cdot \frac{\partial v}{\partial z_1^{(3)}} \tag{3.47}$$

然后，分别计算分割后的偏微分就行了吧?

首先，是 $E_k(\boldsymbol{\Theta})$ 对 v 进行微分的部分。

$$\frac{\partial E_k(\boldsymbol{\Theta})}{\partial v} = \frac{\partial}{\partial v}\left(\frac{1}{2}v^2\right) \quad \text{……代入表达式 3.46}$$
$$= v \tag{3.48}$$

变得好简单啊。

$\frac{1}{2}$ 被约分掉，结果只剩 v 了。这就是在表达式 3.17 中乘以 $\frac{1}{2}$ 的原因。

原来在这儿等着呢！

下面是 v 对 $z_1^{(3)}$ 进行微分的部分。

$$
\begin{aligned}
\frac{\partial v}{\partial z_1^{(3)}} &= \frac{\partial}{\partial z_1^{(3)}} \left(y_k - a^{(3)} \left(z_1^{(3)} \right) \right) \qquad \text{……代入表达式 3.46}\\
&= -a'^{(3)} \left(z_1^{(3)} \right)
\end{aligned} \tag{3.49}
$$

$a'^{(3)} \left(z_1^{(3)} \right)$ 是什么？

这是微分的另一种写法。$g(x)$ 对 x 的微分可以写成 $\frac{\mathrm{d}g(x)}{\mathrm{d}x}$，也可以写成 $g'(x)$。

我想起来了，微分的写法有两种，这种是撇号的写法。

是的呢，所以 $\frac{\partial a^{(3)} \left(z_1^{(3)} \right)}{\partial z_1^{(3)}}$ 和 $a'^{(3)} \left(z_1^{(3)} \right)$ 是一回事。这次是为了简洁地展示，我才选了这种写法的。

原来是这么回事啊。

接下来，把表达式 3.45 到表达式 3.49 整合起来，最终得到的 $\delta_1^{(3)}$ 的表达式就是这样的。

$$
\begin{aligned}
\delta_1^{(3)} &= \frac{\partial E_k(\boldsymbol{\Theta})}{\partial z_1^{(3)}}\\
&= \frac{\partial E_k(\boldsymbol{\Theta})}{\partial v} \cdot \frac{\partial v}{\partial z_1^{(3)}}\\
&= v \cdot -a'^{(3)} \left(z_1^{(3)} \right)\\
&= \left(y_k - a^{(3)} \left(z_1^{(3)} \right) \right) \cdot -a'^{(3)} \left(z_1^{(3)} \right)\\
&= \left(a^{(3)} \left(z_1^{(3)} \right) - y_k \right) \cdot a'^{(3)} \left(z_1^{(3)} \right)
\end{aligned} \tag{3.50}
$$

下面我们就得计算 $a'^{(3)}\left(z_1^{(3)}\right)$ 了吧?

嗯。不过，$a'^{(3)}\left(z_1^{(3)}\right)$ 是复合函数的微分哦。前面是不是讲过单个函数的微分计算并不难?

讲过。

假如 $a^{(3)}$ 是 sigmoid 函数，它的微分就是这样的。

$$a'^{(3)}\left(z_1^{(3)}\right) = \left(1 - a^{(3)}\left(z_1^{(3)}\right)\right) \cdot a^{(3)}\left(z_1^{(3)}\right) \tag{3.51}$$

而且，其实并不是什么函数都可以用作激活函数，激活函数在一定程度上是已经确定的。只要知道了微分的结果，随便哪个激活函数都行。

是呢，我刚才也在想，激活函数的不同会导致微分后的形式不同，那么或许先不管具体的函数形式会更好。

没错。所以，这里仍沿用 $a'^{(3)}\left(z_1^{(3)}\right)$ 的形式。好了，我们继续吧。

3.7.2 隐藏层的德尔塔

下面，我们再思考一下隐藏层的德尔塔吧（图 3-15）。

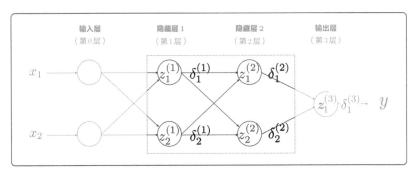

图 3-15

以我们现在用的这个神经网络来说，得计算 4 个德尔塔。

$$\delta_1^{(2)} = \frac{\partial E_k(\boldsymbol{\Theta})}{\partial z_1^{(2)}}, \quad \delta_2^{(2)} = \frac{\partial E_k(\boldsymbol{\Theta})}{\partial z_2^{(2)}} \quad \cdots\cdots \text{第 2 层的德尔塔}$$

$$\delta_1^{(1)} = \frac{\partial E_k(\boldsymbol{\Theta})}{\partial z_1^{(1)}}, \quad \delta_2^{(1)} = \frac{\partial E_k(\boldsymbol{\Theta})}{\partial z_2^{(1)}} \quad \cdots\cdots \text{第 1 层的德尔塔}$$

$$(3.52)$$

求这个德尔塔的方法是看一下从单元出来的箭头，然后分割偏微分。

看箭头，然后分割偏微分？

我先以第 2 层的第 1 个德尔塔 $\delta_1^{(2)}$ 为例来讲解。这里有一个 $z_1^{(2)} \to z_1^{(3)}$ 的箭头（图 3-16），看到了吧？

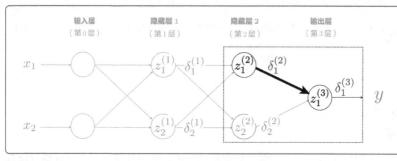

图 3-16

从图中我们可以得出下面这些结论。这样就能分割微分了吧?

$z_1^{(2)}$ 包含在 $z_1^{(3)}$ 中

$z_1^{(3)}$ 包含在 $E_k(\boldsymbol{\Theta})$ 中

我明白了,这个流程在之前分割微分时也出现过。

$$\frac{\partial E_k(\boldsymbol{\Theta})}{\partial z_1^{(2)}} = \frac{\partial E_k(\boldsymbol{\Theta})}{\partial z_1^{(3)}} \cdot \frac{\partial z_1^{(3)}}{\partial z_1^{(2)}} \tag{3.53}$$

这样分割就对了。然后,我们采用同样的方法,也就能分割第 2 层的第 2 个德尔塔 $\delta_2^{(2)}$ 了(图 3-17)。

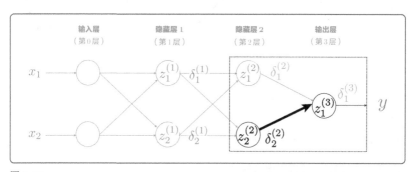

图 3-17

是这样进行分割吧？只要把表达式 3.53 中的 $\partial z_1^{(2)}$ 换成 $\partial z_2^{(2)}$ 就行了。

$$\frac{\partial E_k(\boldsymbol{\Theta})}{\partial z_2^{(2)}} = \frac{\partial E_k(\boldsymbol{\Theta})}{\partial z_1^{(3)}} \cdot \frac{\partial z_1^{(3)}}{\partial z_2^{(2)}} \tag{3.54}$$

没错。

那么，后面的做法也和前面一样，逐一计算分割后的偏微分就好了吧？

嗯。不过，在此之前，我们先通过箭头回溯到第 1 层的德尔塔。

啊，先算那边吗？

第 1 层的第 1 个德尔塔 $\delta_1^{(1)}$ 涉及 $z_1^{(1)} \to z_1^{(2)}$ 和 $z_1^{(1)} \to z_2^{(2)}$ 这两个箭头（图 3-18），对吧？

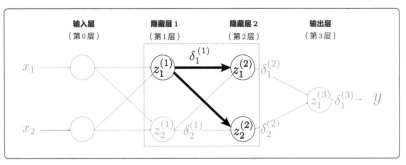

图 3-18

嗯，第 1 层的箭头有两个。

同样，可以得出这些结论。

$$z_1^{(1)} \quad\text{包含在}\quad z_1^{(2)} \text{ 和 } z_2^{(2)} \quad\text{中}$$
$$z_1^{(2)} \text{ 和 } z_2^{(2)} \quad\text{包含在}\quad E_k(\boldsymbol{\Theta}) \quad\text{中}$$

嗯？沿着箭头回溯，不应该是 $z_1^{(2)}$ 和 $z_2^{(2)}$ 包含在 $z_1^{(3)}$ 中吗？

你说得没错。不过呢，这个 $z_1^{(3)}$ 也是包含在 $E_k(\boldsymbol{\Theta})$ 中的，所以我们可以说，$z_1^{(2)}$ 和 $z_2^{(2)}$ 最终也是包含在 $E_k(\boldsymbol{\Theta})$ 中的。

哦，原来是这样。

通过这种形式，我们就能像刚才那样分割微分了。

不过，像图 3-18 这种图中包含了多个箭头的情况，该如何处理呢？前面的情况，箭头只有 1 个呀。

对于有多个箭头的情况，我们只要按每个箭头来分割微分，最后把分割好的微分加起来，就行了哦。

按箭头分割再加起来……是这样吗？

$$\frac{\partial E_k(\boldsymbol{\Theta})}{\partial z_1^{(1)}} = \frac{\partial E_k(\boldsymbol{\Theta})}{\partial z_1^{(2)}} \cdot \frac{\partial z_1^{(2)}}{\partial z_1^{(1)}} + \frac{\partial E_k(\boldsymbol{\Theta})}{\partial z_2^{(2)}} \cdot \frac{\partial z_2^{(2)}}{\partial z_1^{(1)}} \tag{3.55}$$

没错！这样就行了，我们使用求和符号来整理一下。

$$\frac{\partial E_k(\boldsymbol{\Theta})}{\partial z_1^{(1)}} = \sum_{r=1}^{2} \left(\frac{\partial E_k(\boldsymbol{\Theta})}{\partial z_r^{(2)}} \cdot \frac{\partial z_r^{(2)}}{\partial z_1^{(1)}} \right) \tag{3.56}$$

求和符号上的数字代表的就是箭头的数量吧？

嗯。不过，全连接神经网络的单元之间是全部相连的，所以实际上可以说，这个数字是下一层中包含的单元数量。

对哦，是我们想求的德尔塔的下一层的单元数量呀。

既然讲到这里了，我们再用同样的方法去看看第 1 层的第 2 个德尔塔 $\delta_2^{(1)}$ 吧（图 3-19）。

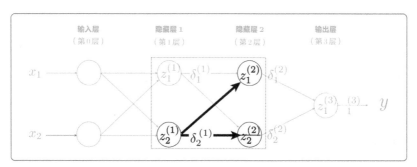

图 3-19

只要把表达式 3.56 中的 $z_1^{(1)}$ 换成 $z_2^{(1)}$ 就可以了吧?

$$\frac{\partial E_k(\boldsymbol{\Theta})}{\partial z_2^{(1)}} = \sum_{r=1}^{2}\left(\frac{\partial E_k(\boldsymbol{\Theta})}{\partial z_r^{(2)}} \cdot \frac{\partial z_r^{(2)}}{\partial z_2^{(1)}}\right) \tag{3.57}$$

是的，这样各层各单元的德尔塔就都齐了。为了容易理解，对于只有 1 个箭头的情况，我们也用上求和符号。

$$\frac{\partial E_k(\boldsymbol{\Theta})}{\partial z_1^{(2)}} = \sum_{r=1}^{1}\left(\frac{\partial E_k(\boldsymbol{\Theta})}{\partial z_r^{(3)}} \cdot \frac{\partial z_r^{(3)}}{\partial z_1^{(2)}}\right) \quad \text{……第 2 层第 1 个德尔塔}$$

$$\frac{\partial E_k(\boldsymbol{\Theta})}{\partial z_2^{(2)}} = \sum_{r=1}^{1}\left(\frac{\partial E_k(\boldsymbol{\Theta})}{\partial z_r^{(3)}} \cdot \frac{\partial z_r^{(3)}}{\partial z_2^{(2)}}\right) \quad \text{……第 2 层第 2 个德尔塔}$$

$$\frac{\partial E_k(\boldsymbol{\Theta})}{\partial z_1^{(1)}} = \sum_{r=1}^{2}\left(\frac{\partial E_k(\boldsymbol{\Theta})}{\partial z_r^{(2)}} \cdot \frac{\partial z_r^{(2)}}{\partial z_1^{(1)}}\right) \quad \text{……第 1 层第 1 个德尔塔}$$

$$\frac{\partial E_k(\boldsymbol{\Theta})}{\partial z_2^{(1)}} = \sum_{r=1}^{2}\left(\frac{\partial E_k(\boldsymbol{\Theta})}{\partial z_r^{(2)}} \cdot \frac{\partial z_r^{(2)}}{\partial z_2^{(1)}}\right) \quad \text{……第 1 层第 2 个德尔塔} \tag{3.58}$$

这些表达式看起来也很有规律嘛。

是吧？我特地采用了同样的写法，因为它们其实是可以通过有规律的符号汇总在一起的。

原来如此。让我想想啊……这里面的变量有 3 个，单元的编号、层，以及下一层的单元数量，它们分别用 i、l 和 $m^{(l+1)}$ 来表示……所以我们可以得到这样的表达式！怎么样？

$$\frac{\partial E_k(\boldsymbol{\Theta})}{\partial z_i^{(l)}} = \sum_{r=1}^{m^{(l+1)}} \left(\frac{\partial E_k(\boldsymbol{\Theta})}{\partial z_r^{(l+1)}} \cdot \frac{\partial z_r^{(l+1)}}{\partial z_i^{(l)}} \right) \tag{3.59}$$

太棒了！有了这个表达式，基本就差不多了，剩下的就是分别进行分割后的偏微分的计算了。首先，我们来考虑等号右边的表达式。

$$\frac{\partial z_r^{(l+1)}}{\partial z_i^{(l)}} \tag{3.60}$$

你还记得这个 z 是什么吗？

应用激活函数之前的加权输入，没错吧？

是的。回忆一下表达式 3.37，能得到这样的 $z_r^{(l+1)}$ 的表达式。

$$
\begin{aligned}
z_r^{(l+1)} \\
&= w_{r1}^{(l+1)} x_1^{(l)} + \cdots + w_{ri}^{(l+1)} x_i^{(l)} + \cdots \\
&= w_{r1}^{(l+1)} a^{(l)} \left(z_1^{(l)} \right) + \cdots + w_{ri}^{(l+1)} a^{(l)} \left(z_i^{(l)} \right) + \cdots
\end{aligned} \tag{3.61}
$$

现在要做的是 $z_r^{(l+1)}$ 对 $z_i^{(l)}$ 的偏微分，即通过微分操作使得不包含 $z_i^{(l)}$ 的项消失。

也就是说，只对包含 $z_i^{(l)}$ 的项进行微分就行了吧?

$$\frac{\partial z_r^{(l+1)}}{\partial z_i^{(l)}} = w_{ri}^{(l+1)} a'^{(l)}\left(z_i^{(l)}\right) \tag{3.62}$$

是的。前面讲过，因激活函数的不同，$a'^{(l)}\left(z_i^{(l)}\right)$ 微分后的形式也不同，所以我们不管它具体的形式。

那剩下的就是它的计算了吧?

$$\frac{\partial E_k(\boldsymbol{\Theta})}{\partial z_r^{(l+1)}} \tag{3.63}$$

其实，它已经出现过好多次了，你发现了吗?

啊，有吗?

目标函数 $E_k(\boldsymbol{\Theta})$ 对加权输入的偏微分，这正是德尔塔啊。

对……对哦! 这么说来，表达式 3.63 就是第 $l+1$ 层的德尔塔啊。

$$\frac{\partial E_k(\boldsymbol{\Theta})}{\partial z_r^{(l+1)}} = \delta_r^{(l+1)} \tag{3.64}$$

等一下……我们不是在做隐藏层的德尔塔的计算嘛，怎么它的德尔塔的计算又要用到德尔塔……有点乱啊。

把表达式 3.59、表达式 3.62 和表达式 3.64 整合，最终得到的就是表示隐藏层的德尔塔的表达式。

$$\delta_i^{(l)} = \sum_{r=1}^{m^{(l+1)}} \left(\delta_r^{(l+1)} \cdot w_{ri}^{(l+1)} a'^{(l)} \left(z_i^{(l)} \right) \right) \tag{3.65}$$

正如你说的，德尔塔的计算里又用到了德尔塔。不过，用到的是其他层的德尔塔哦。

原来是这样，l 层的德尔塔和 $l+1$ 的德尔塔不是一个啊！

3.8 | 反向传播

下面总结一下吧。

根据表达式 3.50 和表达式 3.65，可以这样来表示输出层和隐藏层的德尔塔。L 是表示神经网络的层数的符号。

$$\delta_i^{(L)} = \left(a^{(L)} \left(z_i^{(L)} \right) - y_k \right) \cdot a'^{(L)} \left(z_i^{(L)} \right) \quad \text{……输出层的德尔塔}$$

$$\delta_i^{(l)} = \sum_{r=1}^{m^{(l+1)}} \left(\delta_r^{(l+1)} \cdot w_{ri}^{(l+1)} a'^{(l)} \left(z_i^{(l)} \right) \right) \quad \text{……隐藏层的德尔塔} \tag{3.66}$$

在隐藏层的德尔塔的计算中，你注意看一下用来表示层的上标。为了求第 l 层的德尔塔，需要用到下一层，也就是第 $l+1$ 层的德尔塔。

嗯，$\delta_i^{(l)}$ 和 $\delta_r^{(l+1)}$ 的部分。

也就是说，如果从后面的层依次计算德尔塔，就能复用已经计算好的德尔塔了。

- 首先求第 3 层（输出层）的德尔塔
- 求第 2 层的德尔塔时，复用紧随其后的第 3 层的德尔塔
- 求第 1 层的德尔塔时，复用紧随其后的第 2 层的德尔塔

原来是这么算的呀！这就是美绪你一开始说的"德尔塔的复用"理念吧？

嗯，就是为了间接地求 $E(\boldsymbol{\Theta})$ 对 $w_{ij}^{(l)}$ 的偏微分，我们计算德尔塔，然后这个德尔塔可以用于后续层的德尔塔的计算。

你一开始好像说过"即使有更多的层也没关系"，那么即便是有 10 个层、100 个单元的大型神经网络，也能计算吗？

是的。网络的层级变深会导致别的问题，但无论网络变得多大，从后往前求德尔塔的计算方法是不变的，依然适用。

这样啊，想到这个方法的人脑瓜真好使啊。

我们要感谢那些创造了历史的前辈们。

啊，对了，求出德尔塔之后计算还没完吧？我最终想知道的，是神经网络的训练方法。

道阻且长，计算持续。最后，让我们再回顾一下我们的目的是什么，正朝着哪个方向在努力吧。

这时候要用到之前你画的整体图了，图 3-13 那张。

使用梯度下降法更新权重，以完成神经网络的训练。这是我们原本的目的。

嗯，为了使用这个更新表达式更新权重，我们需要计算目标函数 $E_k(\boldsymbol{\Theta})$ 对权重的偏微分。

$$w_{ij}^{(l)} := w_{ij}^{(l)} - \eta \frac{\partial E_k(\boldsymbol{\Theta})}{\partial w_{ij}^{(l)}} \quad \text{……取自表达式 3.28}$$

(3.67)

不过，由于直接计算对权重的偏微分非常麻烦，所以我们需要使用德尔塔来间接地计算偏微分，将计算式变形，也就是表达式 3.44。

$$\frac{\partial E_k(\boldsymbol{\Theta})}{\partial w_{ij}^{(l)}} = \delta_i^{(l)} \cdot x_j^{(l-1)} \quad \text{……取自表达式 3.44}$$

(3.68)

没错，而这个求德尔塔的方法，正是我们刚才聊的从后面的层开始复用德尔塔的方法。

将所有的表达式整合，得到这样的更新表达式。

$$\delta_i^{(L)} = \left(a^{(L)}\left(z_i^{(L)} \right) - y_k \right) a'^{(L)}\left(z_i^{(L)} \right) \quad \text{……输出层的德尔塔}$$

$$\delta_i^{(l)} = a'^{(l)}\left(z_i^{(l)} \right) \sum_{r=1}^{m^{(l+1)}} \delta_r^{(l+1)} w_{ri}^{(l+1)} \quad \text{……隐藏层的德尔塔（表达式 3.66 的变形）}$$

$$w_{ij}^{(l)} := w_{ij}^{(l)} - \eta \cdot \delta_i^{(l)} \cdot x_j^{(l-1)} \quad \text{……权重的更新表达式}$$

$$b_i^{(l)} := b_i^{(l)} - \eta \cdot \delta_i^{(l)} \quad \text{……偏置的更新表达式}$$

(3.69)

对了，刚才虽然一直没提到偏置，但偏置的计算方法和权重是完全相同的。只要把前面讲解的权重换成偏置就行了。

这样就能训练神经网络的权重和偏置了！

我们刚才讲的从后面的层开始计算德尔塔，以更新权重和偏置的方法叫作**误差反向传播法**，英语是 backpropagation，也有人将其简称为 backward。它是非常重要的方法，你一定要记住哦。

原来这就是那个传说中的误差反向传播法啊！

如果把德尔塔看作对于 1 个单元的小误差，那么这个误差将从输出层向输入层反向传播，这个方法因此而得名。

的确，我们是从输出层开始计算德尔塔的。

相对于正向传播或 forward，误差从后面的层向前面的层传播的行为就叫作反向传播或 backward。

正向传播和反向传播，名字简单易懂。

今天的计算很多，辛苦啦！如果你都能搞懂就好啦。

我还有点不太清楚的地方，回家后我再复习复习。

绫乃真好学呀。

美绪，谢谢你一直以来的帮助！

梯度消失到底是什么

绫姐、绫姐，还记得上次我们聊过该用什么样的函数作为激活函数吗？

嗯，记得的。如果没有激活函数，那么无论有多少层，也都和单层感知机一样，所以应该使用非线性函数。

是的。我本以为任何非线性函数都行，不过似乎并非如此。

能作为激活函数的函数在一定程度上已经是确定的吧？比如 sigmoid 函数之类的。

嗯。但是，你不想知道在非线性函数中，为什么经常使用的是 sigmoid 函数吗？

这一点我倒是没想过。你一说起来，我还真的开始感兴趣了。

我今天在大学里和一位教授聊了聊，教授告诉我很多有趣的事情，所以我想跟绫姐也说说。

聊什么了？我想听！

梯度的存在

回忆一下感知机，它在计算输入、权重和偏置后，应用一个函数，根据结果的符号输出 0 或 1，对吧？

嗯。这种输出 0 或 1 的函数是阶跃函数吧（图 3-c-1）？

$$f_{\text{step}}(x) = \begin{cases} 0 & (x \leqslant 0) \\ 1 & (x > 0) \end{cases}$$

(3.c.1)

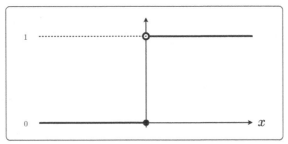

图 3-c-1

 是的。这里，我首先想到的问题是，既然感知机使用了阶跃函数，由感知机叠加的神经网络，为什么就不能以同样的方式使用这个阶跃函数呢？阶跃函数也是非线性的啊。

 说到这个，我前几天还通过这个使用了阶跃函数的神经网络解决了线性不可分的问题呢 *。

 我猜只完成了正向传播的计算吧？使用阶跃函数可以计算正向传播，但问题是不能计算反向传播，这也就意味着无法训练。

 无法训练？这么说起来，美绪也说过阶跃函数不能用作激活函数之类的话。我在使用阶跃函数计算时，的确是在知道正确权重的基础上，只进行了正向传播的计算。

 果然。我问过教授了，教授说激活函数除了要求是非线性函数以外，还要求是可微分且有一定梯度的函数。

*请参阅 2.5 节和 2.10 节。

梯度指的是函数的倾斜程度吗？阶跃函数可没有梯度哇。

其实，阶跃函数的值是 0 或 1 这两个常数，微分永远为 0。啊，对了！虽然严谨地说，是在 $x = 0$ 的位置无法微分，但在实际应用时，把它的微分当作 0 就行。

$$\frac{\mathrm{d}f_{\text{step}}(x)}{\mathrm{d}x} = 0 \tag{3.c.2}$$

图 3-c-1 的阶跃函数的图形的确是没有倾斜，全程平坦。

此时，有问题的就是参数的更新。因为神经网络的训练要用到梯度下降法，要计算目标函数对权重的偏微分。

$$w_{ij} := w_{ij} - \eta \frac{\partial E(\boldsymbol{\Theta})}{\partial w_{ij}} \tag{3.c.3}$$

而这个偏微分要使用误差反向传播法的德尔塔求出，每层的德尔塔都包含激活函数的微分。

$$\frac{\partial E(\boldsymbol{\Theta})}{\partial w_{ij}} = \delta_i^{(l)} \cdot x_j^{(l-1)}$$

$$\delta_i^{(L)} = \left(a^{(L)}\left(z_i^{(L)}\right) - y_k\right) a'^{(L)}\left(z_i^{(L)}\right) \quad \text{……输出层的德尔塔}$$

$$\delta_i^{(l)} = a'^{(l)}\left(z_i^{(l)}\right) \sum_{r=1}^{m^{(l+1)}} \delta_r^{(l+1)} w_{ri}^{(l+1)} \quad \text{……隐藏层的德尔塔}$$

$$\tag{3.c.4}$$

如果使用阶跃函数作为激活函数，这个表达式中 $a'^{(L)}\left(z_i^{(L)}\right)$ 和 $a'^{(l)}\left(z_i^{(l)}\right)$ 的部分将成为阶跃函数的微分，也就变成 0 了。

原来是这样！如果那里的微分为 0，那么德尔塔也为 0，最终对参数的偏微分也就为 0，这就导致参数的更新无法进行了啊。

 可不是嘛！完全无法训练了。所以，sigmoid 函数登场了。这个函数的值的范围在 0 和 1 之间，在这一点上它和阶跃函数是相似的（图 3-c-2）。

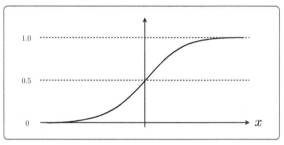

图 3-c-2

 原来如此。不过，它们虽然相似，但还是有很大的不同，那就是 sigmoid 函数整体平滑，而且有梯度。

 是的。sigmoid 函数的微分实际不为 0，使用 sigmoid 函数作为激活函数，可使得德尔塔和偏微分都不为 0，训练得以进行。

 平滑且有梯度很重要啊！的确，既然方法名叫作梯度下降法，没有梯度当然不行啦。

 不过，更有意思的是 sigmoid 函数也存在问题。

 这样啊……我虽然不知道是什么问题，但听说 sigmoid 函数是非常有名的激活函数，就算有问题也是可以接受的问题吧？

 听说，这个问题之严重，甚至可以说是造成神经网络第 2 次寒冬的原因之一呢。

梯度的消失

之前讲神经网络历史的时候也提到过，这个问题就是梯度消失问题。

这么说来是讲过。梯度消失？梯度没有了吗？

sigmoid 函数在 x 处于 0 的附近时，还有梯度，但随着 x 变大或变小，梯度也逐渐变小。

啊，这么说的话，也就是最终图 3-c-2 中靠左和靠右的部分和阶跃函数一样了，都是平的（图 3-c-3）。

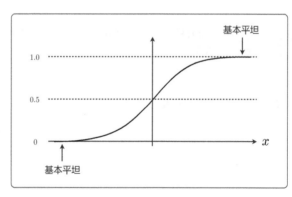

图 3-c-3

这样的话，微分的值也接近于 0 了，会与使用阶跃函数时一样，导致神经网络的训练无法进行。

对，这就是梯度消失问题。在深层的神经网络的训练中反向传播误差时，就会发生这个问题。

这样啊……那也就是说，由于会导致这样的问题出现，所以 sigmoid 函数实际上也不太实用？

嗯，由于 sigmoid 函数光滑、微分也简单，所以有的项目还在用它，不过使用时需要注意一下。

 看来，sigmoid 函数虽然作为激活函数很有名，但也不是万能的呀。

 最近有人设计出了比 sigmoid 函数更好的激活函数，能使梯度不会消失。

 还有这样的函数吗？是什么函数？

 教授只告诉了我名字，好像叫 ReLU 函数，但教授没有告诉我详细的信息，让我自己去查一查，就当是留给我的作业。

 ReLU？没有听说过。名字我记住了，下次我问问熟悉这方面技术的朋友。

 谢谢啦，我自己也查查看。

第4章

学习卷积神经网络

绫乃终于要开始挑战"卷积神经网络"了。
数学表达式越来越多，它们的上下标也很多，
这或许让人觉得有些难以阅读。
但只要将它们逐一拆解，
看出各部分所表示的含义，也就没什么难的了。
请大家结合表 4-2 阅读本章。

4.1 | 擅长处理图像的卷积神经网络

咱们今天来学卷积神经网络吧？

美绪好厉害！你竟然猜到了我正想学的东西。

我猜你差不多要学这个了，果然被我猜中了。

有很多卷积神经网络应用于图像的例子吧？

是的。比如最近计算机视觉领域取得的巨大成功，就离不开卷积神经网络。

我也想到这个了！而且我觉得图像处理很有趣啊，因为它在视觉上很直观，又很迷人。

嗯嗯。我在上学的时候研究过计算机视觉，也感受到了它的趣味性。

我运营时尚网站也挺长时间了，因此也积攒了一些图片，一直想用它们做点什么。

有了这么棒的数据，再加上好的想法，应该能做出有意思的东西出来哦。

一想到这个我就很兴奋。

不过呢，由于卷积神经网络在图像处理方面得了巨大的成果，所以人们往往只关注这个领域，但其实，最近它也开始被用于自然语言处理领域了。

真的吗？自然语言和图像是两种完全不同的东西啊。自然语言处理领域……我完全想不到它还能应用在这儿。

绫乃如果有兴趣的话，回去可以查查这方面的资料。看看它是如何应用的，以及出现了哪些成果等，我觉得都很有意思。

好啊，不过在查资料之前，我得先了解什么是卷积神经网络嘛。

当然啦，那我们先从卷积神经网络的基础知识开始讲起吧。

好的，那我去买甜甜圈回来。

帮我也带一份哦。

4.2 | 卷积过滤器

 美绪，你的甜甜圈。

 谢谢！

 前面咱们说起过，卷积神经网络对计算机视觉的成功至关重要，那么你能想象出到底能用它做什么吗？

 图像内容的识别？它能告诉你图像的内容是狗、是猫还是兔子（图 4-1）。

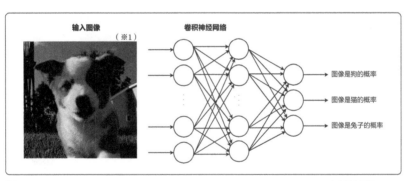

图 4-1

※1　来自图库网站 Pxhere

 是的，最常见的就是"分类"任务。

 对对，原来这叫作分类任务呀。

 当然，它还用来完成其他任务，不过，我们先以分类问题为前提来讨论。

我想先了解一下，到底什么是"卷积"呢？

 对卷积这个词有疑问很正常。不过，在介绍什么是卷积之前，我们最好先了解一下什么是图像的过滤器处理。

 过滤器处理？

 比如，对图像进行模糊处理，进行边缘检测以检查图像的轮廓之类的处理。

 这和卷积神经网络有关系吗？

 有的。对某张图像应用过滤器时，你知道实际上会进行什么处理吗？

 嗯……不知道。这应该需要专门的图像处理知识吧。

 不需要呢。我们来看一个简单的例子吧。首先，图像数据可以被看作像矩阵一样的东西，数值沿纵向和横向排列（图 4-2）。

0.00	0.00	0.00	0.00	0.00	0.00	0.00
0.00	0.00	0.00	0.50	0.00	0.00	0.00
0.00	0.00	0.50	1.00	0.50	0.00	0.00
0.00	0.50	1.00	1.00	1.00	0.50	0.00
0.00	0.00	0.50	1.00	0.50	0.00	0.00
0.00	0.00	0.00	0.50	0.00	0.00	0.00
0.00	0.00	0.00	0.00	0.00	0.00	0.00

图 4-2

 这个图像中包含的是 0 和 1 之间的实数，我们可以认为它是灰度图像。数值的意思是，越接近 1 越黑，越接近 0 越白，0.5 差不多就是灰色了。

原来是这个意思。对于这个灰度图像，如果根据它的数值将它实际表示为图像，结果会是这种样子（图4-3）的吧？

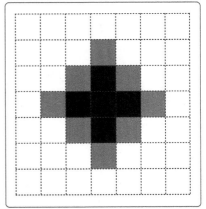

图 4-3

是的。那么要想对这个图像应用某个过滤器，我们就要另外准备表示过滤器的数组，比如这样的数组（图4-4）。

图像的数组

0.00	0.00	0.00	0.00	0.00	0.00	0.00
0.00	0.00	0.00	0.50	0.00	0.00	0.00
0.00	0.00	0.50	1.00	0.50	0.00	0.00
0.00	0.50	1.00	1.00	1.00	0.50	0.00
0.00	0.00	0.50	1.00	0.50	0.00	0.00
0.00	0.00	0.00	0.50	0.00	0.00	0.00
0.00	0.00	0.00	0.00	0.00	0.00	0.00

过滤器的数组

0.11	0.11	0.11
0.11	0.11	0.11
0.11	0.11	0.11

图 4-4

过滤器的数组也叫作**核**，不过后面我还是把它叫作过滤器。

过滤器的数组？什么意思呀？

对图像应用过滤器，也就是要重复下面这样的操作（图 4-5）。

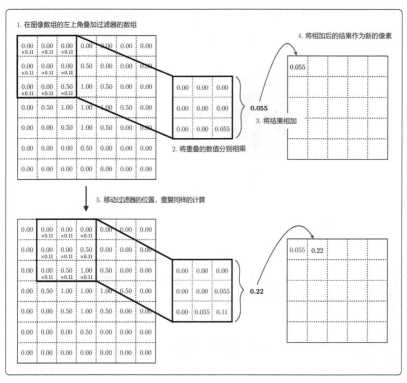

图 4-5

我明白了。重叠再相乘，就像创造了新的图像。

重复图 4-5 的操作，直到过滤器到达了图像的右下角。

不过，这个操作的目的到底是什么呢?

我们把最终到右下角为止都应用了过滤器的图像和原始图像放在一起，对比着看一看（图 4-6）。

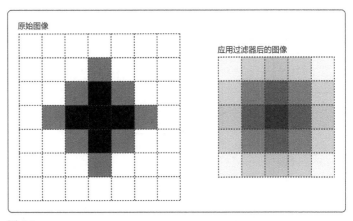

图 4-6

过滤器是 3×3 的，所以应用过滤器后的图像小了一圈，就像对原始图像应用了模糊处理。

的确是这样，就像墨水在一点点扩散开来的感觉。

其实，图 4-4 的过滤器就是取周边像素的平均值来模糊图像的过滤器。

原来是这样啊！图像处理软件中，有一个叫作"模糊"的处理，莫非其内部做的就是这种过滤器处理吗？

应该是的。补充一下，数值 0.11 是 $\frac{1}{9}$ 的小数形式，我舍弃了后面的小数位，而乘以它的意思就是，一共进行 9 格的像素的平均值的计算。

$$\frac{1}{9}p_1 + \frac{1}{9}p_2 + \cdots + \frac{1}{9}p_9 \tag{4.1}$$

这里明白了。

这就是应用过滤器的机制。

现在用的例子是用于模糊的过滤器，如果我们改变数值 0.11，也就意味着过滤器将变为具有不同效果的过滤器，对吧？

没错。除了模糊之外，还有降噪、边缘检测等几种类型的过滤器。绫乃有兴趣的话，可以去研究研究。

我们不进一步地挖掘过滤器的种类吗？

过滤器的种类对于理解卷积神经网络并不重要，应用过滤器的操作更重要。

原来如此，毕竟我们现在探讨的话题是"卷积是什么"。

嗯。那么在卷积神经网络的语境下，我们把之前称之为过滤器的矩阵叫作**卷积过滤器**或**卷积矩阵**，而将它应用于图像的操作叫作**卷积**，这些要记住哦。

哦，终于出现"卷积"这个词啦！

卷积神经网络中有许多这样的卷积过滤器，还会重复每个过滤器的卷积过程。

都需要哪些过滤器呢？也包含刚才的模糊过滤器吗？

其实，过滤器的数值不是事先准备好的，而是由卷积神经网络训练出来的。

这样吗？

我们可以把过滤器看作所谓的"特征检测器"，这个我后面会讲。

特征检测器……那模糊过滤器也是特征检测器？

对于模糊过滤器这个例子，我们可能很难想象出它是一个特征检测器，不过刚才也说过，不是还有其他几个已知的过滤器嘛（图 4-7）。

模糊			纵向边缘			横向边缘			全向边缘		
0.11	0.11	0.11	0	1	0	0	0	0	0	1	0
0.11	0.11	0.11	0	−1	0	0	−1	1	1	−4	1
0.11	0.11	0.11	0	0	0	0	0	0	0	1	0

图 4-7

除了模糊过滤器之外，还有检测边缘的过滤器，我们可以把边缘看作特征。

边缘也是特征吗？

以数字为例吧。回忆一下数字的图像，只考虑数字的边缘，我马上就可以列出这几个例子。

• 数字 1 的纵向边缘应该很多
• 数字 0 中应该存在纵向和曲线的边缘
• 数字 4 中应该存在纵向、横向和斜向的边缘

这里我提到了 4 种类型的特征：纵向、横向、曲线和斜向。但是，特征其实并不仅限于边缘，还有很多东西可以视为特征。

这样啊……这么说的话，我们是不是也可以把模糊看作判断周围像素是否相等的一个特征？

换句话说，过滤器是可以捕捉特征的东西，而能捕捉到什么特征则取决于它的数值。

原来是这么回事。

由人来设计大量捕捉复杂特征的过滤器几乎是不可能的，而卷积神经网络的理念是通过训练得到过滤器的值。

那卷积神经网络的训练对象就是卷积过滤器了，它和全连接神经网络的权重矩阵是一回事吧？

嗯，这么想完全正确！

原来是这样，我大概明白了。

咱们实际做一次卷积神经网络的计算看看吧。

4.3 | 特征图

为了了解卷积神经网络的工作原理，我们先准备 1 张输入图像和 3 个卷积过滤器，数值随意（图 4-8）。

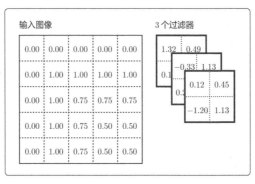

输入图像

0.00	0.00	0.00	0.00	0.00
0.00	1.00	1.00	1.00	1.00
0.00	1.00	0.75	0.75	0.75
0.00	1.00	0.75	0.50	0.50
0.00	1.00	0.75	0.50	0.50

3 个过滤器

图 4-8

卷积过滤器的值是随意设置的吗？

对，我随意填满了数字。在实践中，这些数值将通过训练得到优化。不过，我们现在是要去了解卷积神经网络是如何工作的，所以先不考虑训练的事。

嗯，明白。

对了，为了便于说明，我在这里随便准备了 3 个 2×2 的过滤器，其实过滤器的大小和数量并没有特别大的意义。

大小和数量也是我们可以自由决定的吗？

嗯，可以的。全连接神经网络的隐藏层的数量和神经元的数量也是可以自己决定的，这个一样。

哦，明白了。

这里我使用事先准备的 3 个卷积过滤器对输入图像进行卷积，你觉得会发生什么？

既然有 3 个卷积过滤器，那么就是会得到 3 张卷积后的图像？

是的。在卷积神经网络的语境下，应用了卷积过滤器后的图像叫作**特征图**，所以我们在这里也这样称呼它（图 4-9）。

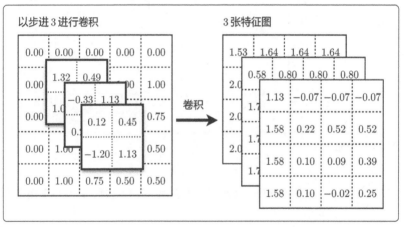

图 4-9

我们可以认为，特征图中包含了表示前面提到的图像特征的信息，比如这些信息。

- 图像的某个部分是什么形状
- 图像的某个部分有多亮
- 图像的某个部分有多暗

特征图变小了有没有问题？我一开始应用模糊过滤器的时候它就变小了。

没问题。不过，如果你想调整特征图的大小，可以使用一种叫**填充**的方法，另外还有一个参数叫作**步进**。

填充和步进？

填充是根据过滤器的大小，在输入图像的外框填充一些数字，以增加输入图像的大小。一般使用 0 作为填充的数字（图 4-10）。

过滤器是 2×2 的情况　　过滤器是 3×3 的情况

原始输入图像

0.00	0.00	0.00	0.00	0.00
0.00	1.00	1.00	1.00	1.00
0.00	1.00	0.75	0.75	0.75
0.00	1.00	0.75	0.50	0.50
0.00	1.00	0.75	0.50	0.50

图 4-10　填充

啊，这样的确使得边缘部分也实现了卷积处理，而且特征图也不会变小。

我继续说说步进，它指的是过滤器的移动幅度（图 4-11）。

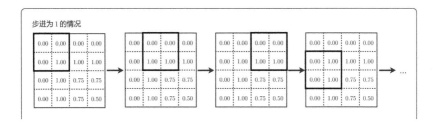

步进为 1 的情况

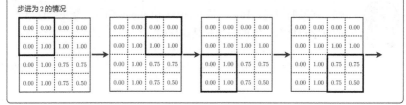

步进为2的情况

图 4-11　步进

原来它指的是每次过滤器移动多少的意思呀……那之前过滤器默认的移动幅度都是步进 1 吗?

没错。也可以采用当步进为 2 和 3 时那样跳着向前移动的方式,不过,在这种情况下特征图会变小哦。

我明白了。使用填充和步进可以调整特征图的大小。

4.4 │ 激活函数

那我回过去讲图 4-9 了。现在我们有 3 个特征图了,接下来对结果应用激活函数。

激活函数吗? 它在讲全连接神经网络的时候也出现过。

当时我是以 sigmoid 函数为例讲的,近来尤为常用的是叫作 ReLU 的激活函数。

ReLU 吗? 我可是听过它的名字!

嘿，居然听说过。ReLU 是 Rectified Linear Unit（修正线性单元）的首字母缩写，它的表达式是这样的。

$$a(x) = \max(0, x) \tag{4.2}$$

max 是选择大的数的意思吗？

嗯，它是一个数学表达式。简而言之，ReLU 是除了 x 为正数时之外，所有结果都为 0 的函数。它的图形是这样的（图 4-12）。

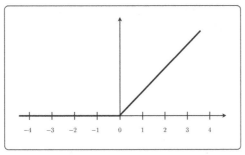

图 4-12

在众多激活函数中，ReLU 的性能非常好，而且易于使用。你听说过梯度消失问题吗？使用 ReLU 能很好地防止梯度消失问题出现。

梯度消失是在图形的平坦部分微分为 0，导致训练过程停止的问题吧？

没错。从 ReLU 图形的形状可以看出，当 x 为正数时，导数均为 1，所以 x 为正数的单元的梯度永远都不会消失。

那在卷积神经网络中，使用 ReLU 作为激活函数似乎会更好啊。

当然，我本来就打算使用 ReLU 嘛。

4.5 | 池化

应用了激活函数之后，我们开始池化操作。

又是一个没听过的新名词……

简单地说，池化是用于减小特征图大小的处理。最常见的池化处理是抽出特定范围内的最大值，这叫作**最大池化**。

不太明白……

这是一个最大池化的例子（图 4-13）。

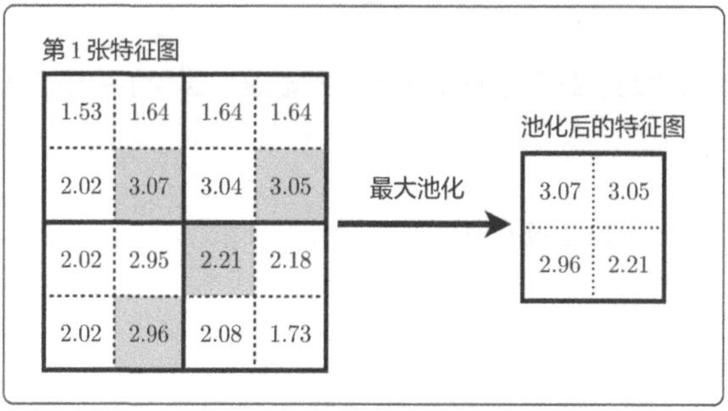

这个例子是将整个特征图划分为多个 2 × 2 的区域，并从每个区域的 4 个格子中取出最大值的处理。

哦……那为什么要这么做呢?

第1张特征图

1.53	1.64	1.64	1.64
2.02	3.07	3.04	3.05
2.02	2.95	2.21	2.18
2.02	2.96	2.08	1.73

最大池化 →

池化后的特征图

| 3.07 | 3.05 |
| 2.96 | 2.21 |

图 4-13

这种池化处理能使从特征图中提取的特征不容易受到图像变形和移动等的影响。

哇，仅从 4 个格子中取出最大值，就能做到这一点啊。

另外，大小 2 × 2 也是我们可以确定的参数。过滤器的大小和数量同样都是参数。

原来并不总是 4 个格子，分割大小是可以任意改变的啊。

顺便提一句，最近不做池化处理的模型越来越多了。趋势是经常变化的，我们要把握新的动向。

这样啊，那我光记着"池化"这个词就行了吧？

呃，虽然最近不用它的模型越来越多了，但此前它一直是要用到的，所以掌握它也没什么损失呀。

说的也是。我刚才只是在想：要记的东西少了一个，太好了！

哈哈，不愧是绫乃啊。

4.6 | 卷积层

让我们稍微回顾一下此前的处理吧，它一共有 4 步。

1. 准备适当数量的卷积过滤器
2. 对输入图像应用卷积过滤器，得到特征图
3. 对特征图应用激活函数（主要是 ReLU）
4. 对应用激活函数后的特征图进行池化处理

 卷积过滤器、特征图、ReLU、池化，全是新的概念。

 一般的卷积神经网络会将这 4 个过程作为 1 组层，并叠加多组这样的层。

 意思是，池化后的特征图成为下一层的输入图像，然后再应用另一个新的卷积过滤器来创建一个新的特征图？（图 4-14）

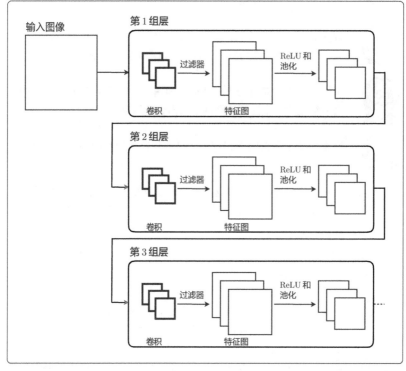

图 4-14

是的，就是这样的。浅层和深层可以捕捉到的特征的性质也略有不同（表 4-1）。

层	特征的性质
第 1 层	局部特征，如竖线、横线和斜线等简单的边缘和亮度等
第 2 层	更广范围内的特征，如简单的图形轮廓等
第 3 层	更大层面的特征，如简单的物体轮廓和纹样图案等
第 4 层	更高阶的特征，如复杂的物体等

表 4-1

这个表只是为了便于理解而罗列的一些大体上的性质而已，所以不要严格对号入座哦。

首先捕捉简单的特征，随着层越来越深，把已捕捉的特征组合起来，然后捕捉高级特征，就是这个过程吧？好厉害！

把以这种方法获得的高级特征作为输入，然后由连在图 4-14 中最后一组之后的全连接神经网络输出分类结果。

原来这就是所谓的卷积神经网络啊！这个神经网络看上去真够复杂的。

虽然计算量非常大，但这个网络只是重复"输入图像与权重相乘，之后相加，然后应用激活函数"的操作，和全连接神经网络的操作是相似的。

啊，这样吗？它有好多独有的特点啊，我觉得它和全连接神经网络完全不像啊。

卷积神经网络只是单元之间的连接方式和权重的表现形式有些不同，本质上和全连接神经网络是相同的。

这么说起来，以前在全连接神经网络的图中经常出现的圆形的单元和单元间的连接线，现在并没有出现啊？

以前绘制的单元图的输入是 1 维的，单元是纵向排成 1 列的，而图像是纵横 2 个方向的 2 维数据，每个像素都是输入值，所以我们可以稍微改变一下表示方法（图 4-15）。

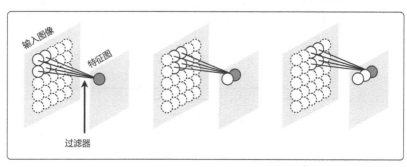

图 4-15

原来是这么回事呀！所以，我们可以把它看作单元在纵向和横向排列的状态。这样就有全连接神经网络中各单元之间相互连接的感觉了。

在这个图中，连接各单元的线组合起来构成了过滤器，而每条线的权重则是过滤器的值。

看图的确就清晰明了了。这样一来，我就可以想象出各单元由线连接，每条线都关联相应的权重的样子了。

不过，在看这个图的时候，需要注意的是每个过滤器的权重是共享的。

啊？这什么意思？

在全连接神经网络中，连接单元的每条线的权重是不同的，但在卷积神经网络中，并不是按每条线计算的。

是呢……从图像的左上角到右下角应用的是同样的过滤器，所以是使用了同样的过滤器权重来计算的（图 4-16），对吧？

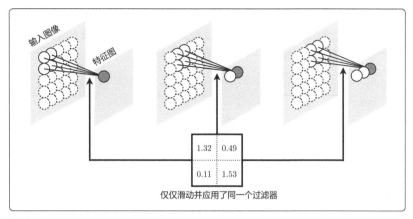

图 4-16

没错。卷积神经网络的权重不是与连接各单元的线关联的,而是与各个卷积过滤器关联的。

嗯!理解了这一点,就能很好地理解这个立体的示意图了。

那我就用这种形式再来重新画一下图 4-9 和图 4-13(图 4-17)。

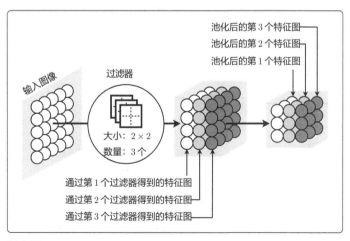

图 4-17

从图中可以很清楚地看到多个特征图重叠的样子。

这种重叠常常被称为**通道**，图 4-17 中的输入图像有 1 个通道，而特征图中有 3 个通道。

嗯嗯。在使用 RGB 表示图像时，我们也把 R、G 和 B 称为通道，就像存在颜色的层一样。你所说的通道是类似的吧？

正是如此，这是神经网络单元作为层而重叠的状态。

我们之前用到的都是灰度图像，那彩色图像就意味着输入图像有 R、G 和 B 这 3 个通道（图 4-18）？

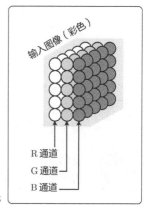

图 4-18

没错。卷积神经网络通常将彩色图像的 RGB 三色分别视为不同的通道。

彩色图像的输入单元的数量一下子增加到 3 倍了，这可不好处理呀。

考虑到多通道的情况，从现在开始除了单元以外，我们最好也以 3 维的方式来考虑卷积过滤器。

不对呀，卷积过滤器不是 2 维的吗？

为了成功地应用过滤器，我们必须设计出层数与输入通道数量相同的卷积过滤器。举个例子，如果要对绫乃举的具有 R、G 和 B 这 3 个通道的彩色图像示例进行卷积，过滤器也必须有对应于 R、G 和 B 的通道（图 4-19）。

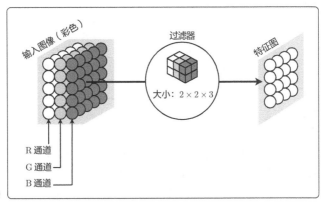

图 4-19

 哦，我明白了。白色单元和白色过滤器，灰色单元和灰色过滤器，黑色单元和黑色过滤器……在每个位置将单元和过滤器相乘，然后全部加起来，是这样吧？

 是的。图 4-19 展示的是只有 1 个过滤器的情况，但过滤器也可能有多个（图 4-20）。

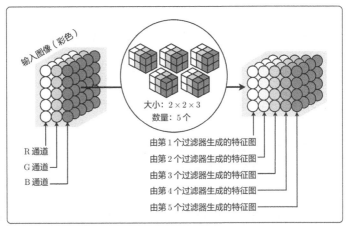

图 4-20

不仅对输入图像是如此，对以特征图为输入的卷积也是如此。

卷积过滤器需要有与输入的通道数相同的通道数，那这个卷积过滤器的通道数就是特征图的通道数吧？

对，没错。过滤器的数量和特征图中的通道数量是联动的，后面我们会实际地使用数学表达式去计算的，到时再复习一下。

对了，我记得你说过最后的特征图要连接到全连接神经网络，这是怎么做的呢？

把由纵、横、通道这 3 个维度构成的特征图纵向展开为 1 列之后，剩下的就和我们之前做的全连接神经网络的计算一样啦（图4-21）。

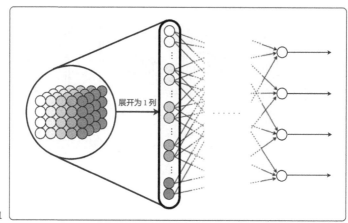

图 4-21

哦，是要纵向展开啊。明白了，确实，在纵向排列后，就可以连接到全连接神经网络了。

现在大体上了解卷积神经网络了吧？

嗯，了解它是什么样的了。

那好，既然大体上了解了，下面就聊聊正向传播和反向传播的话题。这些也了解之后，我们就可以用编程语言来实现卷积神经网络了。

4.7 | 卷积层的正向传播

抽象的思考难免不易理解，这里我举一个具体的卷积神经网络的例子吧（图 4-22）。

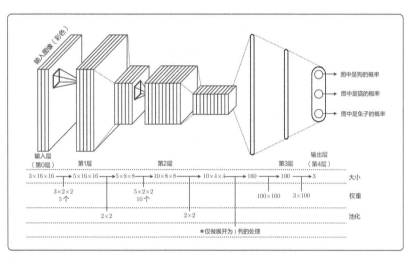

图 4-22

这是一个有两个卷积层、两个全连接层的卷积神经网络。

对了，图像的大小在卷积前后没有变化，我准备在那里用上填充。因此，只有在池化时，图像才会变小。

哦，果然是这样的。在第 1 层的卷积之后，大小仍是 16×16；在第 2 层的卷积之后，大小仍是 8×8。

仔细看一下这里的卷积层，我们分别用 x 表示输入图像，用 w 表示相当于权重的过滤器，用 z 表示应用激活函数之前的特征图。

我觉得这样表示就和全连接神经网络一样了，很好理解。

是吧？输入图像是由通道、纵、横这 3 个维度组成的，所以这里使用 $x_{(c,i,j)}$ 符号来表示它。

图 4-22 的例子中的输入图像的大小为 16×16，有 3 个通道。把它画成图的话，应该就是这样的（图 4-23）。

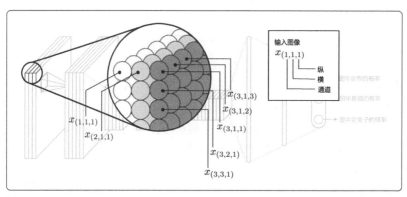

图 4-23

c 表示通道，i 表示纵向，j 表示横向？虽然学全连接神经网络的时候也是这样的，但是 3 个下标可有点不好记啊……

i 和 j 是常用于表示索引的字母，c 是通道的英语 channel 的首字母，这样记忆或许好一些。

嗯，理解还是能理解的，就是我还不习惯看到这么多下标。

我们还是需要适应这些下标的。卷积过滤器除了同样的通道、纵、横这 3 个之外，还需要 1 个索引来表示它们是第几个过滤器，所以总共有 4 个上下标，使用 $w_{(c,u,v)}^{(k)}$ 符号表示。

图 4-22 的例子中有 5 个大小为 $2 \times 2 \times 3$ 的过滤器。图中无法全部画下，我就把能画进去的画上了，结果是这样的（图 4-24）。

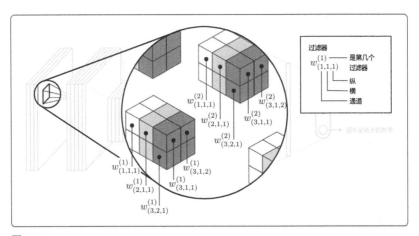

图 4-24

这次有 4 个上下标了……c 表示通道，u 表示纵向，v 表示横向，k 表示卷积过滤器的索引，是吧？

嗯。u 和 v 经常被用作表示索引和坐标，k 是核的英语 kernel 的首字母。

明白了，你说过卷积过滤器也叫作核。

另外，还可以设置与过滤器相对应的偏置。因为它不太容易画在图中，所以只用字母来表示。

我想起全连接神经网络中也有偏置，当时是为层的各个单元定义的偏置吧？

是呀。卷积神经网络的偏置是为各个卷积过滤器定义的，所以表示为 $b_{(k)}$。

权重是为各个过滤器定义的数值，所以偏置也是为各个过滤器定义的数值。

最后是特征图。它也是包含通道、纵、横这 3 个维度的。纵向和横向的位置对应于输入图像，而通道对应于过滤器，所以使用 $z_{(i,j)}^{(k)}$ 来表示。

拿图 4-22 中的例子来说，它将会产生 5 个大小为 16×16 的特征图（图 4-25）。

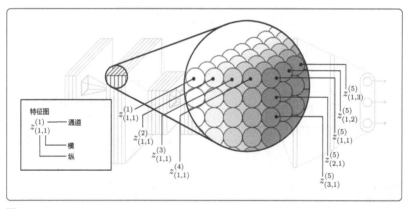

图 4-25

为什么不像定义 x 时那样，把 3 个维度都排在下标上呢，也就是写成 $z_{(i,j,k)}$？

像定义 w 时那样把 k 放在右上角，这样不就能更容易地看出特征图的通道与卷积过滤器索引的对应关系了吗？

哦，原来是为了使对应关系更明确啊。

当然，写成 $z_{(i,j,k)}$ 也没错，只是写法的区别而已。不过，字母越多，写法就越复杂，所以我想尽可能地采用容易理解的写法。

的确这样更好。

在实际编程时，只要把数据放在数组中就行了，所以只有像现在这样探讨数学表达式时，写法才是重要的。

我整理了一下，这就是所有要用到的字母了吧（表 4-2）？

字母	定义	上下标
$x_{(c,i,j)}$	输入图像	$c =$ 通道，$i =$ 纵，$j =$ 横
$w_{(c,u,v)}^{(k)}$	卷积过滤器	$k =$ 过滤器编号 $c =$ 通道，$u =$ 纵，$v =$ 横
$b^{(k)}$	偏置	$k =$ 过滤器编号
$z_{(i,j)}^{(k)}$	特征图	$k =$ 过滤器编号 = 特征图的通道 $i =$ 纵，$j =$ 横

表 4-2   注：除此之外，本节后面还会出现右上角的第 2 个上标，表示"第几层"。

你能试着使用 x、w 和 b 写一下计算 $z_{(2,2)}^{(5)}$ 的表达式吗？

哇，练习题来了……右上角的上标是 5，所以是由第 5 个过滤器输出的特征图。哎呀，有点乱，一下子想不出来。我把输入图像和过滤器按通道分解一下看看（图 4-26）。

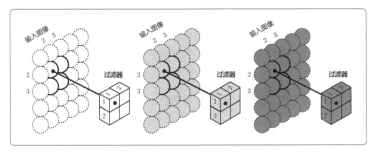

图 4-26

从图中可以看出 x 的 $(2,2)$ 和第 5 个过滤器 $w^{(5)}$ 的 $(1,1)$ 是在各个通道上相对应且重叠的状态，所以将 $w^{(5)}$ 和 x 的各元素相乘再相加就行了吧？

没错。分解后再思考或许更容易理解。

过滤器的大小为 2×2，通道是 3 个，还有 1 个偏置，所以总共有 13 个项。项有点多了。

$$
\begin{aligned}
z^{(5)}_{(2,2)} =\, & w^{(5)}_{(1,1,1)}x_{(1,2,2)} + w^{(5)}_{(1,1,2)}x_{(1,2,3)} + w^{(5)}_{(1,2,1)}x_{(1,3,2)} + w^{(5)}_{(1,2,2)}x_{(1,3,3)} + \\
& w^{(5)}_{(2,1,1)}x_{(2,2,2)} + w^{(5)}_{(2,1,2)}x_{(2,2,3)} + w^{(5)}_{(2,2,1)}x_{(2,3,2)} + w^{(5)}_{(2,2,2)}x_{(2,3,3)} + \\
& w^{(5)}_{(3,1,1)}x_{(3,2,2)} + w^{(5)}_{(3,1,2)}x_{(3,2,3)} + w^{(5)}_{(3,2,1)}x_{(3,3,2)} + w^{(5)}_{(3,2,2)}x_{(3,3,3)} + \\
& b^{(5)}
\end{aligned}
\tag{4.3}
$$

仔细观察就会发现其中的规律，实际上可以用求和符号改写为简洁的形式。

确实看上去有规律性，不过上下标太多了，我也不知道谁和谁相关联了……

是有点难呢……可以整合成这个形式，你可以拿它和自己写的表达式仔细对比一下。

$$
z^{(5)}_{(2,2)} = \sum_{c=1}^{3} \sum_{u=1}^{2} \sum_{v=1}^{2} w^{(5)}_{(c,u,v)} x_{(c,2+u-1,2+v-1)} + b^{(5)}
\tag{4.4}
$$

好家伙，三重求和……我还真是从未见过呢。

意思是这样的：第一个求和是过滤器的通道之和，第二个是过滤器横向的通道之和，最后一个是过滤器纵向的通道之和。

总而言之，表达式 4.3 和表达式 4.4 是一回事，是吧?

是的。再稍作泛化一下，设卷积过滤器的大小是 $m \times m$、通道数是 C、当前通道为 c，继续使用你刚才在表 4-2 中汇总的特征图的 i、j、k，把表达式写成这样。

$$z_{(i,j)}^{(k)} = \sum_{c=1}^{C} \sum_{u=1}^{m} \sum_{v=1}^{m} w_{(c,u,v)}^{(k)} x_{(c,i+u-1,j+v-1)} + b^{(k)} \tag{4.5}$$

全是字母……

在产生特征图后，对其应用激活函数。应用了激活函数后的值表示为 a，这里我们假设使用 ReLU 进行计算。

$$a_{(i,j)}^{(k)} = \max\left(0, z_{(i,j)}^{(k)}\right) \tag{4.6}$$

然后是最大池化。用 p 表示池化处理选中的值，从核的大小 2×2 可知，它要从周围 4 个方格中选择最大值。

$$p_{(i,j)}^{(k)} = \max \Big(a_{(2(i-1)+1,2(j-1)+1)}^{(k)} \quad \cdots\cdots\text{左上格}$$
$$, a_{(2(i-1)+2,2(j-1)+1)}^{(k)} \quad \cdots\cdots\text{左下格}$$
$$, a_{(2(i-1)+1,2(j-1)+2)}^{(k)} \quad \cdots\cdots\text{右上格}$$
$$, a_{(2(i-1)+2,2(j-1)+2)}^{(k)} \quad \cdots\cdots\text{右下格}$$
$$\Big) \tag{4.7}$$

图 4-22 中的这个部分就是池化选中的单元（图 4-27）。

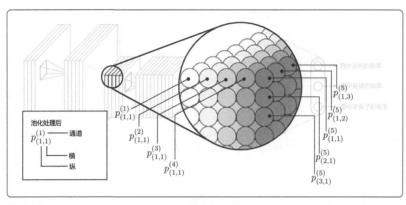

图 4-27

 在表达式 4.7 中，连下标中都包含大量的计算，真不太好理解。不过，只要认真看也能看懂。

 嗯，这是我硬写的。如果知道池化的工作原理，知道它是以核的大小 m_p 对 $a_{(i,j)}^{(k)}$ 周围进行池化处理，就可以这样写表达式了。

$$p_{(i,j)}^{(k)} = P_{m_p}\left(a_{(i,j)}^{(k)}\right) \tag{4.8}$$

 呀，这个表达式好，很短。

 这不是常见的写法。如果你觉得不好理解，可以把它变形为容易理解的形式，只要意思对了就行。

 使用字母定义数学表达式的自由度很高嘛，我喜欢。

总之，现在我们已经集齐了卷积层所需的特征图、激活函数和池化的表达式。

$$z_{(i,j)}^{(k)} = \sum_{c=1}^{C}\sum_{u=1}^{m}\sum_{v=1}^{m} w_{(c,u,v)}^{(k)} x_{(c,i+u-1,j+v-1)} + b^{(k)} \quad \text{……卷积}$$

$$a_{(i,j)}^{(k)} = \max\left(0, z_{(i,j)}^{(k)}\right) \quad \text{……激活函数}$$

$$p_{(i,j)}^{(k)} = P_{m_p}\left(a_{(i,j)}^{(k)}\right) \quad \text{……池化} \tag{4.9}$$

只需要对所有的 (i,j) 组合进行这样的计算就行了吧？

是的。表达式 4.9 的最后一个输出 $p_{(i,j)}^{(k)}$ 就是下一个卷积层的输入。

$$x_{(c,i,j)}^{(1)} = p_{(i,j)}^{(k)} \tag{4.10}$$

我在 x 的右上角加了一个表示层的上标，以表明它是第 1 层的输入。另外，还要注意，卷积过滤器的索引 k 被替换成了通道的索引 c。

对哦，网络要重复进行表达式 4.9 中这一套数学表达式的计算。咦，那其他的字母也需要层数的上标吧？

是的，我一开始在说明的时候，特意没加表示层的信息的上标，否则上下标太多，就太复杂了。

嗯，的确……我本来就觉得上下标已经很多了。

不过，现在你应该逐渐习惯了吧？我把层信息放在字母的右上角，就像对全连接神经网络所做的那样。

$$z_{(i,j)}^{(k,1)} = \sum_{c=1}^{3} \sum_{u=1}^{2} \sum_{v=1}^{2} w_{(c,u,v)}^{(k,1)} x_{(c,i+u-1,j+v-1)}^{(0)} + b^{(k,1)} \quad \text{……卷积层（第 1 层）}$$

$$a_{(i,j)}^{(k,1)} = \max\left(0, z_{(i,j)}^{(k,1)}\right) \quad \text{……激活函数（第 1 层）}$$

$$p_{(i,j)}^{(k,1)} = P_2\left(a_{(i,j)}^{(k,1)}\right) \quad \text{……池化（第 1 层）}$$

$$x_{(c,i,j)}^{(1)} = p_{(i,j)}^{(k,1)} \quad (k = c) \quad \text{……从第 1 层传到第 2 层的输入}$$

$$z_{(i,j)}^{(k,2)} = \sum_{c=1}^{5} \sum_{u=1}^{2} \sum_{v=1}^{2} w_{(c,u,v)}^{(k,2)} x_{(c,i+u-1,j+v-1)}^{(1)} + b^{(k,2)} \quad \text{……卷积层（第 2 层）}$$

$$a_{(i,j)}^{(k,2)} = \max\left(0, z_{(i,j)}^{(k,2)}\right) \quad \text{……激活函数（第 2 层）}$$

$$p_{(i,j)}^{(k,2)} = P_2\left(a_{(i,j)}^{(k,2)}\right) \quad \text{……池化（第 2 层）}$$

$$x_{(c,i,j)}^{(2)} = p_{(i,j)}^{(k,2)} \quad (k = c) \quad \text{……从第 2 层传到第 3 层的输入} \tag{4.11}$$

直接解释 $x^{(0)}$ 的话，它意味着来自第 0 层的输入，但只要把它看作输入图像即可。

即便如此，还是有很多的上下标吧。好吧，一开始就有很多上下标了，也不差这一个了。

绫乃应该已经习惯大量的上下标了吧？

哈哈……并没有！我的眼睛都疼了。不过呢，我在心里已经开始习惯了……

哈哈哈。

4.8 | 全连接层的正向传播

最后是连接到全连接神经网络的部分。在介绍图 4-21 时，我说过这部分需要纵向展开为 1 列，也就是变换为列向量。

$$x^{(2)} = \begin{bmatrix} x^{(2)}_{(1,1,1)} \\ x^{(2)}_{(1,1,2)} \\ x^{(2)}_{(1,1,3)} \\ \vdots \\ x^{(2)}_{(c,i,j)} \\ \vdots \end{bmatrix}$$

$$(4.12)$$

也就是图 4-22 中的这个部分吧（图 4-28）？

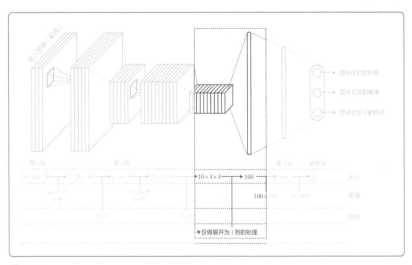

图 4-28

展开为 1 列之后，就可以进行与之前的全连接神经网络完全相同的计算了。

$$x^{(3)} = a^{(3)}\left(W^{(3)}x^{(2)} + b^{(3)}\right) \quad \cdots\cdots\text{展开为 1 列，传给第 3 层}$$

$$x^{(4)} = a^{(4)}\left(W^{(4)}x^{(3)} + b^{(4)}\right) \quad \cdots\cdots\text{从第 3 层到输出层}$$

$$y = x^{(4)} \tag{4.13}$$

也就是说，最后的 y 是卷积神经网络输出的分类结果吧？

是的。不过，你还记得前面说过的，在进行分类时，输出层的单元数量要增加到与要分类的标签数量相同吗？

嗯，记得。输出层各个单元输出的值分别对应的是各个标签的概率。

这时必须要考虑的是，作为概率的输出值的总和必须是 1。

嗯，这个你也说过，不过我们该如何让它们的总和为 1 呢？

在实践中，只有在分类时，我们才会使用一个叫作 softmax 的函数作为输出层的激活函数。表达式 4.13 的 $a^{(4)}$ 就是 softmax 函数。设输出层的加权输入是 $z^{(4)} = W^{(4)}x^{(3)} + b^{(4)}$，其中第 i 个加权输入是 $z_i^{(4)}$，对其应用 softmax 函数的表达式是这样的。

$$a^{(4)}\left(z_i^{(4)}\right) = \frac{\exp\left(z_i^{(4)}\right)}{\sum_j \exp\left(z_j^{(4)}\right)} \tag{4.14}$$

看起来好复杂啊……

表达式中包含了 exp，所以看起来很复杂。不过仔细想想看，这只不过是普通的比例计算。分母是 z 的所有元素之和，分子是正在关注的元素。

原来是比例的计算。你的意思是，表达式中虽然包含了 exp，但整体上做的是计算在整个 z 中 z_i 的占比吗?

是的呢。比如，假设 softmax 函数的加权输入是这样的。

$$\boldsymbol{z}^{(4)} = \boldsymbol{W}^{(4)}\boldsymbol{x}^{(3)} + \boldsymbol{b}^{(4)} = \begin{bmatrix} 1.32 \\ 0.20 \\ -1.87 \end{bmatrix} \begin{array}{l} \cdots\cdots \text{狗的单元} \\ \cdots\cdots \text{猫的单元} \\ \cdots\cdots \text{兔子的单元} \end{array} \tag{4.15}$$

那么，我们可以这样通过 softmax 函数计算各个单元的输出值。

$$a^{(4)}\left(z_1^{(4)}\right) = \frac{\exp(1.32)}{\exp(1.32) + \exp(0.20) + \exp(-1.87)} = 0.731\ldots$$

$$a^{(4)}\left(z_2^{(4)}\right) = \frac{\exp(0.20)}{\exp(1.32) + \exp(0.20) + \exp(-1.87)} = 0.239\ldots$$

$$a^{(4)}\left(z_3^{(4)}\right) = \frac{\exp(-1.87)}{\exp(1.32) + \exp(0.20) + \exp(-1.87)} = 0.030\ldots \tag{4.16}$$

这样看起来，确实像在计算比例，而且值的总和应该会是 1。

$$a^{(4)}\left(z_1^{(4)}\right) + a^{(4)}\left(z_2^{(4)}\right) + a^{(4)}\left(z_3^{(4)}\right) = 0.731 + 0.239 + 0.030 = 1 \tag{4.17}$$

这样就计算出了各个单元的概率，卷积神经网络最终的输出 $\boldsymbol{y}$ 是这种形式的向量。

$$\boldsymbol{y} = \begin{bmatrix} 0.731 \\ 0.239 \\ 0.030 \end{bmatrix} \tag{4.18}$$

把它看作比例的计算就不难啦！

嗯……明白是明白了，但是为什么还要特地使用 exp 呢？如果只是比例的计算，直接把 z 的所有的元素都加起来，然后用 z_i 除以它不就行了吗？

$$a^{(4)}\left(z_i^{(4)}\right) = \frac{z_i^{(4)}}{\sum_j z_j^{(4)}} \tag{4.19}$$

根据计算的结果，可能有 x_i 为负数的情况出现。在表达式 4.15 中，我特意使兔子的单元值为负数，对于这种情况，简单地将元素相加和相除就不方便了。

原来是这样啊，还要考虑负数的情况，不过我还是想取绝对值看看……

$$a^{(4)}\left(z_1^{(4)}\right) = \frac{|1.32|}{|1.32| + |0.20| + |-1.87|} = 0.389\ldots$$

$$a^{(4)}\left(z_2^{(4)}\right) = \frac{|0.20|}{|1.32| + |0.20| + |-1.87|} = 0.059\ldots$$

$$a^{(4)}\left(z_3^{(4)}\right) = \frac{|-1.87|}{|1.32| + |0.20| + |-1.87|} = 0.552\ldots \tag{4.20}$$

呀，狗和兔子的结果颠倒了……不行啊。

本来应该值越大，需要分配的概率也越大，但如果取绝对值，或计算值的平方，则绝对值越大，被分配的概率就越大。

哈哈……偷懒果然不行，不好意思啦。

除此之外还有一些其他原因，比如更容易微分、函数非线性等，但总之请记住，大多数进行分类的神经网络在最后会应用表达式 4.14 的 softmax 函数。

好的，我记住了。

完成这个 softmax 函数的输出后，卷积神经网络的正向传播过程就结束了。

仔细一想，表达式 4.11 的卷积层部分所做的只是加法、乘法和取最大值的计算啊，是这样吧？

没错，所以如果你想直接实现它也行，一点也不难。但是这样做的计算量会非常大，所以需要一种技术，去提高这部分的计算效率。

4.9 | 反向传播

4.9.1 | 卷积神经网络的反向传播

现在我们知道了卷积神经网络的工作原理，以及如何计算正向传播，剩下的就是网络的训练方法了。

对于全连接神经网络，我们使用误差反向传播法来更新权重，那么对于卷积神经网络，能不能使用同样的方法呢？

回忆一下卷积神经网络的结构，前半部分有几个卷积过滤器、ReLU 和池化的层，后半部分连接到全连接神经网络，对吧？

是的，没错。

后半部分的全连接层实际上是全连接神经网络，所以可以用完全相同的方法训练，但是前半部分的卷积层的结构不同，所以数学表达式也有所不同。

那我们接下来要专注于卷积层的训练方法了吧?

 是的,但整体的思路与训练全连接神经网络时是一样的,所以我们沿着这个思路来思考(图 4-29)。

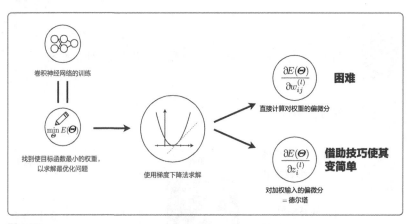

图 4-29

 这张是以前用过的图。

 尽管数学表达式略有不同,但通过梯度下降法训练的做法是一样的。间接地对加权输入求偏微分,比直接对权重求偏微分更简单这一点也是一样的。

 好的!我还以为会有一种新的计算方式呢,这下我可以稍微松口气了。

 下面观察图 4-29,思考我们首先需要做什么。

 做什么……是定义误差,对吗?

答对了！我们就从定义误差开始。

4.9.2 误差

和之前一样，我们先来准备训练数据和定义卷积神经网络。

好的。

首先，随意准备
一些训练数据和
与训练数据相应
的正确答案数据。
例如，如果你想
做一个把数据分
类为狗、猫和兔
子的应用，那么
可以准备这样的
数据（表4-3）。

图像 x	分类	正确答案数据 t
（※2）	狗	$\begin{bmatrix} 1 \\ 0 \\ 0 \end{bmatrix}$
（※3）	猫	$\begin{bmatrix} 0 \\ 1 \\ 0 \end{bmatrix}$
（※4）	兔子	$\begin{bmatrix} 0 \\ 0 \\ 1 \end{bmatrix}$

表 4-3

※2：来自图库网站 Pxhere
※3：来自图库网站 Pxhere
※4：来自图库网站 Pxhere

这里不要只把 x 当作列向量，而要把它想象为图 4-23 那样的立体的形状。

嗯，好的!

我们使用与图 4-22 相同的卷积神经网络，把它表示为 $f(x)$。

$f(x)$ 的内部就是表达式 4.11 和表达式 4.13 表示的表达式吧?

是的。然后，将 $f(x)$ 的输出值表示为 y，y 是表示各标签的概率的列向量。与表 4-3 的训练数据相对应，向量的元素有 3 个。

$$f(x) = y = \begin{bmatrix} y_1 \\ y_2 \\ y_3 \end{bmatrix} \begin{array}{l} \cdots\cdots x \text{ 是狗的概率} \\ \cdots\cdots x \text{ 是猫的概率} \\ \cdots\cdots x \text{ 是兔子的概率} \end{array} \tag{4.21}$$

就像表达式 4.18 一样。

现在，我要定义正确答案数据 t 和卷积神经网络 $f(x)$ 的输出值 y 之间的误差了。

说到这儿，我也慢慢想起来了，我们还要计算 t 和 y 的误差的平方并乘以 $\frac{1}{2}$ 吧?

之前使用的是平方误差，当然要这样做，这次我想定义别的误差。

啊? 除了相减，还有其他的误差吗?

这次我打算使用**交叉熵** * 这个值作为误差。

$$\sum_{p=1}^{3} t_p \cdot \log_e \frac{1}{y_p} \left(\boldsymbol{t} = \begin{bmatrix} t_1 \\ t_2 \\ t_3 \end{bmatrix}, \boldsymbol{y} = \begin{bmatrix} y_1 \\ y_2 \\ y_3 \end{bmatrix} \right) \tag{4.22}$$

交、交叉什么?

交叉熵,它的英语是 cross entropy。

这个……我不知道它的意思是什么,它的表达式看起来也完全不像是误差,它真的是表示误差的值吗?

交叉熵是衡量两个概率分布 $P(\omega)$ 和 $Q(\omega)$ 之间的相似度的值,当两个分布相同,也就是 $P(\omega) = Q(\omega)$ 时,交叉熵的值最小。

我不明白你在说什么……

如果再对交叉熵深入介绍下去,话就长了,所以现在只要理解交叉熵是可以作为误差使用的值就可以了。

为什么用这么奇怪的函数来计算误差,而不用平方误差呢?

与平方误差相比,交叉熵的特点是在训练的早期阶段,它的训练速度也很快。这是一个优势。

更快的训练速度也就意味着花在训练上的时间会更少?

---

* 本章最后的专栏部分将介绍更多关于交叉熵的内容。

你可以这样认为，不过在本质上则是权重更新方式的不同。在训练的初期阶段，权重是用随机数初始化的，所以在大多数情况下，神经网络的状态与正确答案偏离很远。

而使用交叉熵时，偏离正确答案越远，权重移动的幅度就越大，与平方误差相比，直到目标函数的值最小为止的更新次数会更少。

那你一开始教我交叉熵不就好了嘛，我就不用学平方误差了。

从基础的内容开始学起是非常重要的哦。

好吧，你说得也对。回头我再好好研究研究交叉熵。

总之，我们把这个交叉熵作为目标函数使用，表示为 $E(\boldsymbol{\Theta})$。另外，$\log_{\mathrm{e}} \frac{1}{y_p}$ 可以变形为 $-\log_{\mathrm{e}} y_p$ 的形式，后续为了计算方便，我将使用这种形式。

$$
\begin{aligned}
E(\boldsymbol{\Theta}) &= \sum_{p=1}^{n} t_p \cdot \log_{\mathrm{e}} \frac{1}{y_p} \\
&= -\sum_{p=1}^{n} t_p \cdot \log_{\mathrm{e}} y_p
\end{aligned}
\tag{4.23}
$$

可以认为在这里面的 $\boldsymbol{\Theta}$ 中，卷积滤波器的权重、偏置，以及全连接层的权重、偏置等全部包含在内。

$$
\begin{aligned}
\boldsymbol{\Theta} = \Big\{ & w_{(1,1,1)}^{(1,1)}, \cdots, w_{(3,2,2)}^{(5,1)}, b^{(1,1)}, \cdots, b^{(5,1)} \\
& w_{(1,1,1)}^{(1,2)}, \cdots, w_{(5,2,2)}^{(10,2)}, b^{(1,2)}, \cdots, b^{(10,2)} \\
& \boldsymbol{W}^{(3)}, b^{(3)} \\
& \boldsymbol{W}^{(4)}, b^{(4)} \Big\}
\end{aligned}
\tag{4.24}
$$

参数的总数太惊人了，到底得有多少个啊……

把图 4-22 中的权重的项的个数全部加起来就知道了。对了，还要算上没画在图上的偏置（表 4-4）。

参数	大小
第 1 层的卷积过滤器	$5 \times 3 \times 2 \times 2 = 60$ 个
第 1 层的偏置	5 个
第 2 层的卷积过滤器	$10 \times 5 \times 2 \times 2 = 200$ 个
第 2 层的偏置	10 个
第 3 层的权重矩阵	$100 \times 160 = 16\ 000$ 个
第 3 层的偏置	100 个
第 4 层的权重矩阵	$3 \times 100 = 300$ 个
第 4 层的偏置	3 个

表 4-4

哇，参数好多好多……

不过，这样就完成了误差的定义哦。

那接下来就要找使表达式 4.23 的误差 $E(\boldsymbol{\Theta})$ 最小的那个 $\boldsymbol{\Theta}$ 了吧？

是的，要使用梯度下降法哦。一旦求出我写出的这些参数的更新表达式，就可以训练卷积神经网络了。

$$w_{ij}^{(l)} := w_{ij}^{(l)} - \eta \frac{\partial E(\boldsymbol{\Theta})}{\partial w_{ij}^{(l)}} \quad \cdots\cdots \text{全连接层的权重}$$

$$b_i^{(l)} := b_i^{(l)} - \eta \frac{\partial E(\boldsymbol{\Theta})}{\partial b_i^{(l)}} \quad \cdots\cdots \text{全连接层的偏置}$$

$$(4.25)$$

$$w_{(u,v,c)}^{(k,l)} := w_{(u,v,c)}^{(k,l)} - \eta \frac{\partial E(\boldsymbol{\Theta})}{\partial w_{(u,v,c)}^{(k,l)}} \quad \cdots\cdots 卷积过滤器的权重$$

$$b^{(k,l)} := b^{(k,l)} - \eta \frac{\partial E(\boldsymbol{\Theta})}{\partial b^{(k,l)}} \quad \cdots\cdots 卷积过滤器的偏置 \tag{4.26}$$

4.9.3 | 全连接层的更新表达式

表达式 4.25，也就是全连接层权重和偏置的更新表达式，可以直接沿用之前你教过我的表达式吗？就是介绍全连接层神经网络的误差反向传播法时讲过的那个。

$$\delta_i^{(L)} = \left(a^{(L)}\left(z_i^{(L)}\right) - y_k\right) a'^{(L)}\left(z_i^{(L)}\right) \quad \cdots\cdots 输出层的德尔塔$$

$$\delta_i^{(l)} = a'^{(l)}\left(z_i^{(l)}\right) \sum_{r=1}^{m^{(l+1)}} \delta_r^{(l+1)} w_{ri}^{(l+1)} \quad \cdots\cdots 隐藏层的德尔塔$$

$$w_{ij}^{(l)} := w_{ij}^{(l)} - \eta \cdot \delta_i^{(l)} \cdot x_j^{(l-1)} \quad \cdots\cdots 权重的更新表达式$$

$$b_i^{(l)} := b_i^{(l)} - \eta \cdot \delta_i^{(l)} \quad \cdots\cdots 偏置的更新表达式 \tag{4.27}$$

（取自表达式 3.69）

基本上可以，不过我们现在使用交叉熵来代替平方误差，作为误差 $E(\boldsymbol{\Theta})$ 使用，所以结果略有不同。

哦，原来是这样。$E(\boldsymbol{\Theta})$ 内部已经不一样了。那我们还得求出全连接层中使用交叉熵作为目标函数时的更新表达式吧？

是的，不过变化的只是输出层的德尔塔的结果，只要重新计算变化的部分就行了。

原来如此。

德尔塔是目标函数 $E(\boldsymbol{\Theta})$ 对各层的加权输入 $z_i^{(k)}$ 的偏微分。

嗯，是这个形式的吧？

$$\delta_i^{(k)} = \frac{\partial E(\boldsymbol{\Theta})}{\partial z_i^{(k)}}$$

$$(4.28)$$

是的。但是，只有输出层是直接求 $E(\boldsymbol{\Theta})$ 对 $z_i^{(k)}$ 的偏微分，之前的隐藏层只需重复使用前面计算的德尔塔，也就是只进行反向传播，实际不进行偏微分的计算。

嗯，就是误差反向传播法嘛。那么，只需考虑输出层的德尔塔 $\delta_i^{(4)}$ 就行了吧？

是的。另外，这次我在输出层使用了 softmax 函数作为激活函数，组合使用交叉熵和 softmax 函数时，输出层的德尔塔的计算其实非常简单。

这样啊，那表达式长什么样呢？

让我们一起算算看。

$$
\begin{aligned}
\delta_i^{(4)} &= \frac{\partial E(\boldsymbol{\Theta})}{\partial z_i^{(4)}} \\
&= \frac{\partial}{\partial z_i^{(4)}} \left(-\sum_{p=1}^{n} t_p \cdot \log_{\mathrm{e}} y_p \right) \quad \text{……代入表达式 4.23} \\
&= -\sum_{p=1}^{n} \left(\frac{\partial}{\partial z_i^{(4)}} t_p \cdot \log_{\mathrm{e}} y_p \right) \quad \text{……替换总和与偏微分} \\
&= -\sum_{p=1}^{n} \left(\frac{\partial}{\partial y_p} t_p \cdot \log_{\mathrm{e}} y_p \right) \cdot \left(\frac{\partial y_p}{\partial z_i^{(4)}} \right) \quad \text{……分割偏微分}
\end{aligned}
$$

$$(4.29)$$

一口气说完估计就不好理解了，先到偏微分的分割为止，这段没问题吧？

为什么最后一行可以那样分割呢？

y_p 是表达式 4.21 中的向量 $\boldsymbol{y}$ 的元素，再联想到我在介绍表达式 4.16 前后所说的话，是不是就能看出这是 softmax 函数的输出结果了？

$$y_p = a^{(4)}\left(z_p^{(4)}\right) = \frac{\exp\left(z_p^{(4)}\right)}{\sum_j \exp\left(z_j^{(4)}\right)} \tag{4.30}$$

y_p 的下标 p 是表示第几个元素的索引，由于 softmax 函数的分母必定包含 $z_j^{(4)}$，所以可以得出这样的结论。

$z_j^{(4)}$ 存在于　　y_p　　中
y_p 存在于　$t_p \cdot \log_e y_p$ 中

明白了，分割偏微分时的做法与之前是相同的，所以表达式 4.29 可以拆分为两个偏微分。

那咱们就实际微分看看吧。首先是表达式 4.29 最后一行左边的部分，我们已经知道 $\log_e x$ 的微分是 $\frac{1}{x}$，所以这部分就没什么难度了吧？

$\log_e y_p$ 的微分就是 $\frac{1}{y_p}$，没错吧？

$$\frac{\partial}{\partial y_p} t_p \cdot \log_e y_p = \frac{t_p}{y_p} \tag{4.31}$$

没问题。然后，看看右边 y_p 对 $z_i^{(4)}$ 进行偏微分的部分，也就是 softmax 函数的微分哦。

看起来好难啊，该怎么微分呢？

说到 softmax 函数的微分，其实需要分成 $p = i$ 和 $p \neq i$ 两种情况来考虑。它的结果是这样的，可以直接使用。

$$\frac{\partial y_p}{\partial z_i^{(4)}} = \begin{cases} y_i\left(1 - y_i\right) & (p = i) \\ -y_p y_i & (p \neq i) \end{cases} \tag{4.32}$$

哇，softmax 函数的微分可以用 softmax 函数本身来表示啊！

有点不可思议吧？总之，现在我们知道了每次分割后的偏微分的结果，就可以将表达式 4.31 和表达式 4.32 代入表达式 4.29 继续计算了。

直接对包含 i 和 p 这些字母的表达式进行计算有些不好理解，所以我打算代入具体的数值来计算。比如，假设输出是表达式 4.21那样的 3 维数据，我们来思考 $i = 2$ 的情况。

$$
\begin{aligned}
\delta_2^{(4)} &= -\sum_{p=1}^{3} \left(\frac{\partial}{\partial y_p} t_p \cdot \log_e y_p \right) \cdot \left(\frac{\partial y_p}{\partial z_2^{(4)}} \right) \\
&= -\sum_{p=1}^{3} \left(\frac{t_p}{y_p} \right) \cdot \left(\frac{\partial y_p}{\partial z_2^{(4)}} \right) \quad \text{……代入表达式 4.31} \\
&= -\left(\frac{t_1}{y_1} \cdot \frac{\partial y_1}{\partial z_2^{(4)}} \right) - \left(\frac{t_2}{y_2} \cdot \frac{\partial y_2}{\partial z_2^{(4)}} \right) - \left(\frac{t_3}{y_3} \cdot \frac{\partial y_3}{\partial z_2^{(4)}} \right) \quad \text{……展开求和符号} \\
&= -\left(\frac{t_1}{y_1} \cdot -y_1 y_2 \right) - \left(\frac{t_2}{y_2} \cdot y_2\left(1 - y_2\right) \right) - \left(\frac{t_3}{y_3} \cdot -y_3 y_2 \right) \quad \text{……代入表达式 4.32} \\
&= t_1 y_2 - t_2 + t_2 y_2 + t_3 y_2 \quad \text{……约分} \\
&= -t_2 + y_2\left(t_1 + t_2 + t_3\right) \quad \text{……按 } y_2 \text{ 汇总} \\
&= -t_2 + y_2 \sum_{p=1}^{3} t_p \quad \text{……变形为求和的形式} \\
&= -t_2 + y_2 \quad \text{……概率之和为 1}
\end{aligned} \tag{4.33}
$$

我们计算出了这样的结果，而这只是 $i = 2$ 的情况。现在，将具体的数值恢复为 i，最终得到的结果是这样的。

$$\delta_i^{(4)} = -t_i + y_i \tag{4.34}$$

这就是组合使用交叉熵和 softmax 函数时输出层的德尔塔吗？

是的呢。

形式简单得令人惊讶！

这样就再次完成了全连接层的德尔塔的计算。

4.9.4 | 卷积过滤器的更新表达式

既然已经算出全连接层权重的更新表达式，也算出了德尔塔，剩下的就是如何更新表达式 4.26 中卷积层的过滤器权重了。

过滤器的权重与全连接层的权重相同，我们都难以直接计算对权重的偏微分，因此也需要加以分割，以求出对加权输入的偏微分。

是的，思路是一样的。在卷积层的情况下，则是求出对加权输入，或者说对特征图的偏微分。

我们先来来思考一个具体的权重。图 4-22 的第 2 层有 10 个大小为 $5 \times 2 \times 2$ 的卷积过滤器，我们以其中第 1 个过滤器的第 1 个权重 $w_{(1,1,1)}^{(1,2)}$ 为例试试看。

你的意思是分割对 $w_{(1,1,1)}^{(1,2)}$ 的偏微分，以求得特征图的偏微分吗？

$$\frac{\partial E(\boldsymbol{\Theta})}{\partial w_{(1,1,1)}^{(1,2)}} \tag{4.35}$$

 是的。为了进行分割，我们首先要找到权重 $w_{(1,1,1)}^{(1,2)}$ 在卷积神经网络方程的表达式中出现的位置，你能找到吗？

 我们要看的是第 2 层第 1 个过滤器的权重，所以它应该出现在第 2 层的特征图的第 1 个通道中？

$$z_{(i,j)}^{(1,2)} = \sum_{c=1}^{5} \sum_{u=1}^{2} \sum_{v=1}^{2} w_{(c,u,v)}^{(1,2)} x_{(c,i+u-1,j+v-1)}^{(1)} + b^{(1,2)} \tag{4.36}$$

 没错！仔细想想这个表达式中哪个部分包含 $w_{(1,1,1)}^{(1,2)}$ 呢？

 卷积处理是指从图像的左上角到右下角反复应用同一个过滤器，所以它在所有的 $z_{(i,j)}^{(1,2)}$ 之中都会出现吧？

$$
\begin{aligned}
z_{(1,1)}^{(1,2)} &= w_{(1,1,1)}^{(1,2)} x_{(1,1,1)}^{(1)} + w_{(1,1,2)}^{(1,2)} x_{(1,1,2)}^{(1)} + \cdots \\
z_{(1,2)}^{(1,2)} &= w_{(1,1,1)}^{(1,2)} x_{(1,1,2)}^{(1)} + w_{(1,1,2)}^{(1,2)} x_{(1,1,3)}^{(1)} + \cdots \\
z_{(1,3)}^{(1,2)} &= w_{(1,1,1)}^{(1,2)} x_{(1,1,3)}^{(1)} + w_{(1,1,2)}^{(1,2)} x_{(1,1,4)}^{(1)} + \cdots \\
&\vdots \\
z_{(8,8)}^{(1,2)} &= w_{(1,1,1)}^{(1,2)} x_{(1,8,8)}^{(1)} + w_{(1,1,2)}^{(1,2)} x_{(1,8,9)}^{(1)} + \cdots
\end{aligned} \tag{4.37}
$$

 是的。所以，我们可以得出以下结论。

$$w_{(1,1,1)}^{(1,2)} \qquad 包含在 \quad z_{(1,1)}^{(1,2)}, z_{(1,2)}^{(1,2)}, z_{(1,3)}^{(1,2)} \cdots \quad 中$$
$$z_{(1,1)}^{(1,2)}, z_{(1,2)}^{(1,2)}, z_{(1,3)}^{(1,2)} \cdots \quad 包含在 \qquad E(\boldsymbol{\Theta}) \qquad\qquad 中$$

哇，又出现了！分割偏微分的流程。

那么在这种情况下，表达式 4.35 该如何分割呢？

如果被多个部分所包含，那么把分割后的偏微分加起来就好了吧？

$$\frac{\partial E(\boldsymbol{\Theta})}{\partial w_{(1,1,1)}^{(1,2)}} = \frac{\partial E(\boldsymbol{\Theta})}{\partial z_{(1,1)}^{(1,2)}} \frac{\partial z_{(1,1)}^{(1,2)}}{\partial w_{(1,1,1)}^{(1,2)}} + \frac{\partial E(\boldsymbol{\Theta})}{\partial z_{(1,2)}^{(1,2)}} \frac{\partial z_{(1,2)}^{(1,2)}}{\partial w_{(1,1,1)}^{(1,2)}} + \frac{\partial E(\boldsymbol{\Theta})}{\partial z_{(1,3)}^{(1,2)}} \frac{\partial z_{(1,3)}^{(1,2)}}{\partial w_{(1,1,1)}^{(1,2)}} + \cdots$$

$$(4.38)$$

是的，用这种形式也没问题。不过，也可以用求和符号把相关项合并起来。

$$\frac{\partial E(\boldsymbol{\Theta})}{\partial w_{(1,1,1)}^{(1,2)}} = \sum_{i=1}^{8} \sum_{j=1}^{8} \frac{\partial E(\boldsymbol{\Theta})}{\partial z_{(i,j)}^{(1,2)}} \frac{\partial z_{(i,j)}^{(1,2)}}{\partial w_{(1,1,1)}^{(1,2)}}$$

$$(4.39)$$

刚才为了让你有具体的印象，我们计算了特定的权重 $w_{(1,1,1)}^{(1,2)}$。下面我们来思考一下其他权重，以得到通用的表达式。

是不是把表达式 4.39 的 $w_{(1,1,1)}^{(1,2)}$ 替换为 $w_{(c,u,v)}^{(k,l)}$ 就行了？

是的。设特征图的纵向和横向的大小是 $d \times d$，并替换掉相应的 z 的上下标，就可以得到这个表示对 $w_{(c,u,v)}^{(k,l)}$ 进行偏微分的表达式啦。

$$\frac{\partial E(\boldsymbol{\Theta})}{\partial w_{(c,u,v)}^{(k,l)}} = \sum_{i=1}^{d} \sum_{j=1}^{d} \frac{\partial E(\boldsymbol{\Theta})}{\partial z_{(i,j)}^{(k,l)}} \frac{\partial z_{(i,j)}^{(k,l)}}{\partial w_{(c,u,v)}^{(k,l)}}$$

$$(4.40)$$

不变的是上下标依然很多……不过，仔细观察这个表达式，我发现还是可以理解的。

下面计算将表达式 4.40 分割后的右边的部分，我们先试试 $z_{(i,j)}^{(k,l)}$ 对 $w_{(c,u,v)}^{(k,l)}$ 的偏微分吧。

上下标好多，这个计算看起来好难啊……

慢慢来。$z_{(i,j)}^{(k,l)}$ 是以 (i,j) 的位置为基准的卷积结果，所以它是 w 和 x 相乘的结果，表达式是这样的。这个表达式理解起来没问题吧？

$$
\begin{aligned}
z_{(i,j)}^{(k,l)} \\
= w_{(1,1,1)}^{(k,l)} x_{(1,i,j)}^{(l-1)} &+ w_{(1,1,2)}^{(k,l)} x_{(1,i,j+1)}^{(l-1)} + \cdots + \\
w_{(2,1,1)}^{(k,l)} x_{(2,i,j)}^{(l-1)} &+ w_{(2,1,2)}^{(k,l)} x_{(2,i,j+1)}^{(l-1)} + \cdots + \\
&\vdots \\
w_{(c,1,1)}^{(k,l)} x_{(c,i,j)}^{(l-1)} &+ w_{(c,1,2)}^{(k,l)} x_{(c,i,j+1)}^{(l-1)} + \cdots + w_{(c,u,v)}^{(k,l)} x_{(c,i+u-1,j+v-1)}^{(l-1)} + \cdots
\end{aligned}
$$

$$(4.41)$$

这是对 $w_{(c,u,v)}^{(k,l)}$ 进行偏微分的计算，所以不包含 $w_{(c,u,v)}^{(k,l)}$ 的项都将消失。

那剩下的就只有与 $w_{(c,u,v)}^{(k,l)}$ 相乘的 $x_{(c,i+u-1,j+v-1)}^{(l-1)}$ 了吧？

$$
\frac{\partial z_{(i,j)}^{(k,l)}}{\partial w_{(c,u,v)}^{(k,l)}} = x_{(c,i+u-1,j+v-1)}^{(l-1)}
$$

$$(4.42)$$

正确。然后，是表达式 4.40 右边部分中 $E(\boldsymbol{\Theta})$ 对 $z_{(i,j)}^{(k,l)}$ 的偏微分，这是卷积层的德尔塔。

$$
\delta_{(i,j)}^{(k,l)} = \frac{\partial E(\boldsymbol{\Theta})}{\partial z_{(i,j)}^{(k,l)}}
$$

$$(4.43)$$

接下来，我们将表达式 4.42 和表达式 4.43 整合在一起，就可以将表达式 4.39 变形为这样的一个表达式。

$$\frac{\partial E(\boldsymbol{\Theta})}{\partial w_{(c,u,v)}} = \sum_{i=1}^{d}\sum_{j=1}^{d}\delta_{(i,j)}^{(k,l)}\cdot x_{(c,i+u-1,j+v-1)}^{(l-1)} \tag{4.44}$$

新的表达式里只有 δ 和 x 了，与求得表达式 3.44 时是一样的……啊，只是这次的表达式里有两个求和符号。

是的，与求得表达式 3.44 时差不多。为了使卷积层的德尔塔与全连接层的德尔塔相同，我们可以复用前一层得到的德尔塔，以此来简化计算，所以最后考虑使用反向传播的方法吧。

在处理全连接神经网络的时候，我们是将输出层和隐藏层分开考虑的，这次也这样做吗？

在卷积神经网络的结构中，在卷积层之后的层有两种类型，我们要分别考虑这两种情况。

- 从卷积层连接到卷积层的情况（从卷积层开始反向传播的情况）
- 从卷积层连接到全连接层的情况（从全连接层开始反向传播的情况）

是呢，一部分卷积层是要连接到全连接层的，原来这种情况需要单独考虑啊。

4.9.5 | 池化层的德尔塔

在进行卷积层的反向传播之前，我们还必须注意池化处理的部分哦。

池化是那个使特征图变小的处理吧。你的意思，莫非是要注意如何处理被删除的单元？

对的对的。没能通过池化处理的单元不是被舍弃了嘛，它们没有被用于到输出层为止的计算，所以无法进行反向传播。

无法进行反向传播，也就无法计算德尔塔了吧？

是的呢。所以，与没有通过池化的单元相应的德尔塔都应作为 0 来参与计算。

这样啊……不过还好，只要设为 0 就行了。

比如，来看一下在图 4-22 的第 1 个卷积层中，对从 $z_{(3,3)}^{(1,1)}$ 到 $z_{(4,4)}^{(1,1)}$ 的范围进行池化，最后只剩下了 $z_{(3,3)}^{(1,1)}$ 的情况（图 4-30）。

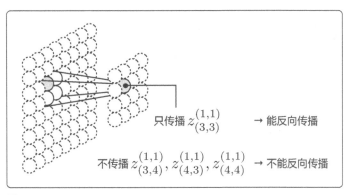

只传播 $z_{(3,3)}^{(1,1)}$ → 能反向传播

不传播 $z_{(3,4)}^{(1,1)}$，$z_{(4,3)}^{(1,1)}$，$z_{(4,4)}^{(1,1)}$ → 不能反向传播

图 4-30

此时，情况就是这样的。

- 能够使用从后面的层反向传播来的德尔塔计算 $\delta_{(3,3)}^{(1,1)}$
- $\delta_{(3,4)}^{(1,1)}$、$\delta_{(4,3)}^{(1,1)}$、$\delta_{(4,4)}^{(1,1)}$ 全部为 0

我明白了。那如果池化的大小很大，大部分的单元会是 0 吧？

是的。总之，你需要记住的是，必须把通过池化的单元和未通过池化的单元分开考虑。

好的，我记住了。

那先记住这一点，然后来看看通过了池化的单元是什么情况。

4.9.6 | 与全连接层相连的卷积层的德尔塔

既然我们探讨的是反向传播，那么自然要从后面的层开始思考了。

第 1 步要从与全连接层相连的卷积层开始吧？也就是图 4-22 中的这个部分（图 4-31）。

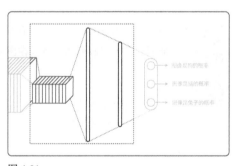

图 4-31

我们先看一个具体的德尔塔吧，比如 $\delta_{(1,1)}^{(1,2)}$。此时该如何计算呢？

应该只要求出目标函数 $E(\boldsymbol{\Theta})$ 对加权输入的偏微分就行了吧。由于从卷积层传播来的只有被池化处理选择的单元，所以表达式 4.11 定义的 $p_{(1,1)}^{(1,2)}$ 就是加权输入，对吧？

$$\delta_{(1,1)}^{(1,2)} = \frac{\partial E(\boldsymbol{\Theta})}{\partial p_{(1,1)}^{(1,2)}} \tag{4.45}$$

是的，这样就对了。图 4-22 的第 2 层的池化的大小是 2×2，这就意味着 $p_{(1,1)}^{(1,2)}$ 是 $z_{(1,1)}^{(1,2)}$、$z_{(1,2)}^{(1,2)}$、$z_{(2,1)}^{(1,2)}$、$z_{(2,2)}^{(1,2)}$ 中的某一个。如果池化选择了 $z_{(1,1)}^{(1,2)}$，那么实际上有 $p_{(1,1)}^{(1,2)} = z_{(1,1)}^{(1,2)}$，所以只考虑 $z_{(1,1)}^{(1,2)}$ 就可以了。

$$\delta_{(1,1)}^{(1,2)} = \frac{\partial E(\boldsymbol{\Theta})}{\partial z_{(1,1)}^{(1,2)}} \qquad \delta_{(1,2)}^{(1,2)} = \frac{\partial E(\boldsymbol{\Theta})}{\partial z_{(1,2)}^{(1,2)}} = 0$$

$$\delta_{(2,1)}^{(1,2)} = \frac{\partial E(\boldsymbol{\Theta})}{\partial z_{(2,1)}^{(1,2)}} = 0 \quad \delta_{(2,2)}^{(1,2)} = \frac{\partial E(\boldsymbol{\Theta})}{\partial z_{(2,2)}^{(1,2)}} = 0$$

$$(4.46)$$

原来如此。那在推导数学表达式的时候，与其对 $p_{(1,1)}^{(1,2)}$ 进行偏微分，不如对 $z_{(1,1)}^{(1,2)}$ 进行偏微分更好啊。

没错呢。下面，我们就来思考对 $z_{(1,1)}^{(1,2)}$ 进行偏微分的数学表达式吧。

不过，如果在对单元进行可视化展现时也使用 $z_{(1,1)}^{(1,2)}$，那就会与特征图的部分引起混淆，所以在图中我还是会使用 $p_{(1,1)}^{(1,2)}$ 进行说明。

回到刚才的话题。这是特征图展开为 1 列的部分的示意图，$p_{(1,1)}^{(1,2)}$ 在图中的这个位置（图 4-32）。

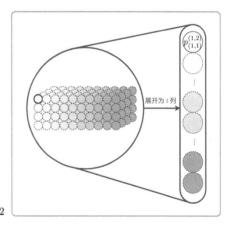

图 4-32

嗯。由于下标是 (1, 1)，所以展开为 1 列后，这个节点就跑到最上面去了。

顺序其实并不太重要。我想让绫乃想一想，这个 $p_{(1,1)}^{(1,2)}$ 与下一层的哪个单元连接呢？

与哪个单元连接？

还记得之前我们沿着从单元出来的箭头来分割偏微分吗？

哦，原来是这个意思。我要做的是找到哪里包含 $p_{(1,1)}^{(1,2)}$，依据这个信息来分割偏微分，对吧？我想想…… $p_{(1,1)}^{(1,2)}$ 的下一层是全连接层，所以与该层的所有单元都是连接的吧？（图 4-33）

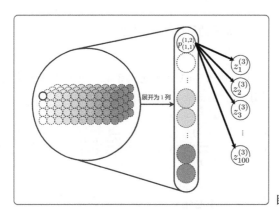

图 4-33

完全正确！因此，从图 4-33 我们可以得出这些结论。

$p_{(1,1)}^{(1,2)}$，也就是 $z_{(1,1)}^{(1,2)}$　　　包含在　$z_1^{(3)}, z_2^{(3)}, z_3^{(3)}, \cdots, z_{100}^{(3)}$　中

$z_1^{(3)}, z_2^{(3)}, z_3^{(3)}, \cdots, z_{100}^{(3)}$　　包含在　　　　　$E(\Theta)$　　　　　中

那么，偏微分就可以这样分割，对吗？

$$\frac{\partial E(\Theta)}{\partial z_{(1,1)}^{(1,2)}} = \sum_{r=1}^{100} \frac{\partial E(\Theta)}{\partial z_r^{(3)}} \frac{\partial z_r^{(3)}}{\partial z_{(1,1)}^{(1,2)}}$$

(4.47)

哇，绫乃你现在好熟练啊！

哈哈，毕竟已经操练很多次了。

表达式 4.47 中考虑的是 $z_{(1,1)}^{(1,2)}$ 这个具体的值，设第 $l+1$ 层的全连接层的单元数为 $m^{(l+1)}$，就可以得到通用的表达式了。

$$\frac{\partial E(\boldsymbol{\Theta})}{\partial z_{(i,j)}^{(k,l)}} = \sum_{r=1}^{m^{(l+1)}} \frac{\partial E(\boldsymbol{\Theta})}{\partial z_r^{(l+1)}} \frac{\partial z_r^{(l+1)}}{\partial z_{(i,j)}^{(k,l)}} \tag{4.48}$$

这个表达式的右边得计算一下吧？

回忆一下表达式 3.61 和表达式 3.62，就知道在表达式 4.48 中，$z_r^{(l+1)}$ 对 $z_{(i,j)}^{(k,l)}$ 的偏微分与那时的计算是完全相同的。

$$\frac{\partial z_r^{(l+1)}}{\partial z_{(i,j)}^{(k,l)}} = w_{(r,k,i,j)}^{(l+1)} a'^{(l)}\left(z_{(i,j)}^{(k,l)}\right) \tag{4.49}$$

$w_{(r,k,i,j)}^{(l+1)}$ 是连接池化后的 $p_{(i,j)}^{(k,l)}$ 和全连接层的 $z_r^{(l+1)}$ 的线的权重（图 4-34）。

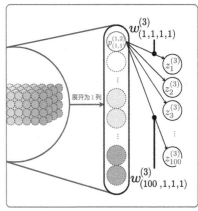

图 4-34

虽然不管哪个表达式，上下标都好多，但是它们的思路是一样的。

然后是表达式 4.48 中 $E(\boldsymbol{\Theta})$ 对 $z_r^{(l+1)}$ 进行偏微分的部分，这个绫乃你已经知道是什么了吧？

这是目标函数对加权输入的偏微分，也就是德尔塔吧？

$$\frac{\partial E(\boldsymbol{\Theta})}{\partial z_r^{(l+1)}} = \delta_r^{(l+1)} \tag{4.50}$$

没错。然后，我们把表达式 4.48 和表达式 4.50 整合到一起，就可以得出连接到全连接层这部分的德尔塔的表达式。

$$\begin{aligned}
\delta_{(i,j)}^{(k,l)} &= \frac{\partial E(\boldsymbol{\Theta})}{\partial z_{(i,j)}^{(k,l)}} \\
&= \sum_{r=1}^{m^{(l+1)}} \delta_r^{(l+1)} \cdot w_{(r,k,i,j)}^{(l+1)} a'^{(l)}\left(z_{(i,j)}^{(k,l)}\right) \\
&= a'^{(l)}\left(z_{(i,j)}^{(k,l)}\right) \sum_{r=1}^{m^{(l+1)}} \delta_r^{(l+1)} w_{(r,k,i,j)}^{(l+1)}
\end{aligned} \tag{4.51}$$

注意观察表达式 4.51 中表示层的上标 l，在计算左边的第 l 层的德尔塔时，要用到右边的 $l+1$ 层的德尔塔，看到了吗？

嗯，$\delta_{(i,j)}^{(k,l)}$ 和 $\delta_r^{(l+1)}$ 的部分。

说明这里也可以用上反向传播的思路呢。

最后是另一种情况，与卷积层相连的卷积层（图4-35）。

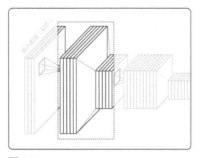
图 4-35

这次我们来看看 $p_{(2,2)}^{(1,1)}$ 吧。假设 $z_{(3,3)}^{(1,1)}$ 单元通过了池化处理，那么要求解的表达式就是这个（图4-36）。

$$\delta_{(3,3)}^{(1,1)} = \frac{\partial E(\boldsymbol{\Theta})}{\partial z_{(3,3)}^{(1,1)}} \quad (4.52)$$

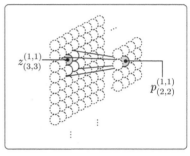
图 4-36

咦，这次不看位置 $(1,1)$，而是看位置 $(3,3)$ 的德尔塔了吗？

嗯，这个位置更便于讲解。另外，有两点需要注意一下。一个是，如果画出所有单元，数量就太多了，不但不好画，也很浪费时间，所以图中省略了一些单元；另一个是，为了便于理解，在后面的图中我只画出了第 1 个通道，省略了其他通道。

这意味着通道的编号没什么用吗？

嗯，在讲解的过程中省略它们也没关系。

好的。

那就还是一样的流程，找出哪里包含 $p_{(2,2)}^{(1,1)}$。

这个嘛……这回，后面跟着的是卷积层，所以与全连接层不同，连接的不是一个个单元，而是一个个过滤器。

并不仅仅是全部连接哦，情况还要更复杂一些。我们需要把它与卷积过滤器的活动结合起来考虑。

过滤器是从左上方开始应用的，所以，这个……啊，我有点混乱了。

让我们画一张简单的图来看看吧（图 4-37）。

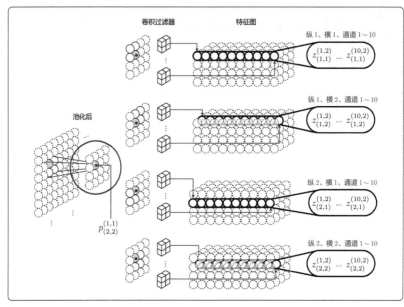

图 4-37

输入的通道和卷积过滤器的通道是一一对应的，所以图中也只画出了第 1 个过滤器的通道。需要注意的是，卷积过滤器本身有 10 个，所以输出的特征图的通道数也是 10 个。

原来是这样啊。即便如此，包含 $p_{(2,2)}^{(1,1)}$ 的单元似乎也好多啊，要从上面开始依次看一下了。

这些是列举的进行卷积操作时结果中包含 $p_{(2,2)}^{(1,1)}$ 的过滤器的位置。

由于过滤器的大小是 2×2，所以总共有 4 个位置叠加并进入卷积计算了吧？

嗯。我想让你看看在移动过滤器时，过滤器所有位置都重叠的情况，所以一开始选择了 $(2,2)$ 的位置作为例子。

我明白了。的确，在 $(1,1)$ 的位置上，只有过滤器的左上部分重叠了。

因此，如果用字符来描述图 4-37 的内容，就会显得很冗长。

$p_{(2,2)}^{(1,1)}$，也就是 $z_{(3,3)}^{(1,1)}$ 包含在
$$
\begin{aligned}
&z_{(1,1)}^{(1,2)}, \cdots, z_{(1,1)}^{(10,2)} \\
&z_{(1,2)}^{(1,2)}, \cdots, z_{(1,2)}^{(10,2)} \\
&z_{(2,1)}^{(1,2)}, \cdots, z_{(2,1)}^{(10,2)} \\
&z_{(2,2)}^{(1,2)}, \cdots, z_{(2,2)}^{(10,2)}
\end{aligned}
$$
中

$$
\begin{aligned}
&z_{(1,1)}^{(1,2)}, \cdots, z_{(1,1)}^{(10,2)} \\
&z_{(1,2)}^{(1,2)}, \cdots, z_{(1,2)}^{(10,2)} \\
&z_{(2,1)}^{(1,2)}, \cdots, z_{(2,1)}^{(10,2)} \\
&z_{(2,2)}^{(1,2)}, \cdots, z_{(2,2)}^{(10,2)}
\end{aligned}
$$
包含在 $E(\Theta)$ 中

好、好夸张……

虽然项很多，但只要完全按照我们学过的方法进行分割，应该不难的哦。

嗯……应该是这样的吧？

$$
\begin{aligned}
\frac{\partial E(\boldsymbol{\Theta})}{\partial z_{(3,3)}^{(1,1)}} = &\frac{\partial E(\boldsymbol{\Theta})}{\partial z_{(1,1)}^{(1,2)}} \cdot \frac{\partial z_{(1,1)}^{(1,2)}}{\partial z_{(3,3)}^{(1,1)}} + \cdots + \frac{\partial E(\boldsymbol{\Theta})}{\partial z_{(1,1)}^{(10,2)}} \cdot \frac{\partial z_{(1,1)}^{(10,2)}}{\partial z_{(3,3)}^{(1,1)}} + \\
&\frac{\partial E(\boldsymbol{\Theta})}{\partial z_{(1,2)}^{(1,2)}} \cdot \frac{\partial z_{(1,2)}^{(1,2)}}{\partial z_{(3,3)}^{(1,1)}} + \cdots + \frac{\partial E(\boldsymbol{\Theta})}{\partial z_{(1,2)}^{(10,2)}} \cdot \frac{\partial z_{(1,2)}^{(10,2)}}{\partial z_{(3,3)}^{(1,1)}} + \\
&\frac{\partial E(\boldsymbol{\Theta})}{\partial z_{(2,1)}^{(1,2)}} \cdot \frac{\partial z_{(2,1)}^{(1,2)}}{\partial z_{(3,3)}^{(1,1)}} + \cdots + \frac{\partial E(\boldsymbol{\Theta})}{\partial z_{(2,1)}^{(10,2)}} \cdot \frac{\partial z_{(2,1)}^{(10,2)}}{\partial z_{(3,3)}^{(1,1)}} + \\
&\frac{\partial E(\boldsymbol{\Theta})}{\partial z_{(2,2)}^{(1,2)}} \cdot \frac{\partial z_{(2,2)}^{(1,2)}}{\partial z_{(3,3)}^{(1,1)}} + \cdots + \frac{\partial E(\boldsymbol{\Theta})}{\partial z_{(2,2)}^{(10,2)}} \cdot \frac{\partial z_{(2,2)}^{(10,2)}}{\partial z_{(3,3)}^{(1,1)}}
\end{aligned}
\tag{4.53}
$$

再想想办法整合一下？

使用求和符号？我的脑子现在已经转不动了……

哈哈，这样盯着数学表达式去思考，的确有点难呢。如果我们设第 $l+1$ 层的卷积过滤器的个数为 $K^{(l+1)}$，大小为 $m^{(l+1)} \times m^{(l+1)}$，与特征图 (i, j) 的位置相对应的池化层的位置为 (p_i, p_j)，就可以得到这样一个通用的数学表达式。

$$
\frac{\partial E(\boldsymbol{\Theta})}{\partial z_{(i,j)}^{(k,l)}} = \sum_{q=1}^{K^{(l+1)}} \sum_{r=1}^{m^{(l+1)}} \sum_{s=1}^{m^{(l+1)}} \frac{\partial E(\boldsymbol{\Theta})}{\partial z_{(p_i-r+1,p_j-s+1)}^{(q,l+1)}} \cdot \frac{\partial z_{(p_i-r+1,p_j-s+1)}^{(q,l+1)}}{\partial z_{(i,j)}^{(k,l)}}
\tag{4.54}
$$

到目前为止，我们一直固定在看图中的第 1 个通道 $k = 1$ 的情况，但由于表达式 4.54 的右侧并没有依赖 k 的部分，所以不管它也没事。

表达式 4.53 和表达式 4.54 其实是一样的吧？

嗯。如果分别把 $(i, j) = (3, 3)$、$(p_i, p_j) = (2, 2)$、$(k, l) = (1, 1)$、$K^{(l+1)} = 10$、$m^{(l+1)} = 2$ 这几个值代入，得到的就是同一个表达式。你仔细比较看看。

不管咋样，反正上下标一多我就觉得难了。

我先说一下结果吧，表达式 4.54 中 $z_{(p_i-r+1, p_j-s+1)}^{(q, l+1)}$ 对 $z_{(i,j)}^{(k,l)}$ 进行偏微分的部分是这样的。

$$\frac{\partial z_{(p_i-r+1, p_j-s+1)}^{(q, +1)}}{\partial z_{(i,j)}^{(k,l)}} = w_{(k,r,s)}^{(q, l+1)} \cdot a'^{(l)}\left(z_{(i,j)}^{(k,l)}\right) \tag{4.55}$$

而表达式 4.54 中 $E(\boldsymbol{\Theta})$ 对 $z_{(p_i-r+1, p_j-s+1)}^{(q, l+1)}$ 进行偏微分的部分，我想你已经知道是什么了吧？

是德尔塔吧？

$$\frac{\partial E(\boldsymbol{\Theta})}{\partial z_{(p_i-r+1, p_j-s+1)}^{(q, l+1)}} = \delta_{(p_i-r+1, p_j-s+1)}^{(q, l+1)} \tag{4.56}$$

将表达式 4.54 和表达式 4.56 整合，就可以得出与卷积层相连接这部分的德尔塔的表达式。

$$\delta_{(i,j)}^{(k,l)} = \sum_{q=1}^{K^{(l+1)}} \sum_{r=1}^{m^{(l+1)}} \sum_{s=1}^{m^{(l+1)}} \delta_{(p_i-r+1,p_j-s+1)}^{(q,l+1)} \cdot w_{(k,r,s)}^{(q,l+1)} \cdot a'^{(l)}\left(p_{(i,j)}^{(k,l)}\right)$$

$$= a'^{(l)}\left(p_{(i,j)}^{(k,l)}\right) \sum_{q=1}^{K^{(l+1)}} \sum_{r=1}^{m^{(l+1)}} \sum_{s=1}^{m^{(l+1)}} \delta_{(p_i-r+1,p_j-s+1)}^{(q,l+1)} w_{(k,r,s)}^{(q,l+1)} \tag{4.57}$$

 乍一看，完全不知道它是什么意思……

 这个表达式确实很复杂。

 对了，德尔塔的下标 $p_i - r + 1$ 和 $p_j - s + 1$ 有时是负值，此时让 $\delta_{(p_i-r+1,p_j-s+1)}^{(q,l+1)} = 0$ 就行了。

 哦，这个我明白了。这是处于 $(1,1)$ 这种边缘的位置上，过滤器只有一部分重叠的情况。

 是的，就是这个意思。

4.9.8 | 参数的更新表达式

 关于卷积神经网络的反向传播，现在是时候总结已经讲过的内容了。

 好的，我准备好了。

 首先，我们最初的目的是找到训练卷积神经网络的方法，没错吧？

嗯！与全连接神经网络的做法一样，使用误差反向传播法计算德尔塔，使用梯度下降法更新参数，对吧？

没错。最后要考虑的，是德尔塔的反向传播的方法，总共有 4 个德尔塔。

$$\delta_i^{(L)} = -t_i + y_i \quad \cdots\cdots 输出层$$

$$\delta_i^{(l)} = a'^{(l)}\left(z_i^{(l)}\right) \sum_{r=1}^{m^{(l+1)}} \delta_r^{(l+1)} w_{ri}^{(l+1)} \quad \cdots\cdots 隐藏层$$

$$\delta_{(i,j)}^{(k,l)} = a'^{(l)}\left(z_{(i,j)}^{(k,l)}\right) \sum_{r=1}^{m^{(l+1)}} \delta_r^{(l+1)} w_{(r,k,i,j)}^{(l+1)} \quad \cdots\cdots 与全连接层相连的卷积层$$

$$\delta_{(i,j)}^{(k,l)} = a'^{(l)}\left(z_{(i,j)}^{(k,l)}\right) \sum_{q=1}^{K^{(l+1)}} \sum_{r=1}^{m^{(l+1)}} \sum_{s=1}^{m^{(l+1)}} \delta_{(p_i-r+1,p_j-s+1)}^{(q,l+1)} w_{(k,r,s)}^{(q,l+1)}$$

$$\cdots\cdots 与卷积层相连的卷积层$$

$$(4.58)$$

这些表达式看起来好乱啊……

确实有点。

除了输出层以外，其他的表达式都是使用第 $l+1$ 层的德尔塔来求第 l 层的德尔塔，所以只要计算出最上面的输出层的德尔塔，剩下的都可以反向传播。

虽然计算的过程看起来很难，但所有的德尔塔都能反向传播计算可太好了，这样就不用直接进行复杂的偏微分计算了。

最后总结一下参数的更新表达式。我们之所以花精力计算德尔塔，是因为我们本来想使用梯度下降法来更新权重参数。

嗯，是的。因此，推导出更新表达式是训练卷积神经网络的最终目的吧。

使用了梯度下降法的参数更新表达式中需要计算目标函数 $E(\boldsymbol{\Theta})$ 对参数的偏微分。

$$w_{ij}^{(l)} := w_{ij}^{(l)} - \eta \frac{\partial E(\boldsymbol{\Theta})}{\partial w_{ij}^{(l)}} \quad \cdots\cdots\text{全连接层的权重}$$

$$b^{(l)} := b^{(l)} - \eta \frac{\partial E(\boldsymbol{\Theta})}{\partial b^{(l)}} \quad \cdots\cdots\text{全连接层的偏置}$$

$$w_{(c,u,v)}^{(k,l)} := w_{(c,u,v)}^{(k,l)} - \eta \frac{\partial E(\boldsymbol{\Theta})}{\partial w_{(c,u,v)}^{(k,l)}} \quad \cdots\cdots\text{卷积过滤器的权重}$$

$$b^{(k,l)} := b^{(k,l)} - \eta \frac{\partial E(\boldsymbol{\Theta})}{\partial b^{(k,l)}} \quad \cdots\cdots\text{卷积过滤器的偏置} \tag{4.59}$$

而目标函数 $E(\boldsymbol{\Theta})$ 对各参数进行偏微分的结果是这样的。

$$\frac{\partial E(\boldsymbol{\Theta})}{\partial w_{ij}^{(l)}} = \delta_i^{(l)} \cdot x_j^{(l-1)}$$

$$\frac{\partial E(\boldsymbol{\Theta})}{\partial b^{(l)}} = \delta_i^{(l)}$$

$$\frac{\partial E(\boldsymbol{\Theta})}{\partial w_{(c,u,v)}^{(k,l)}} = \sum_{i=1}^{d} \sum_{j=1}^{d} \delta_{(i,j)}^{(k,l)} \cdot x_{(c,i+u-1,j+v-1)}^{(l-1)}$$

$$\frac{\partial E(\boldsymbol{\Theta})}{\partial b^{(k,l)}} = \sum_{i=1}^{d} \sum_{j=1}^{d} \delta_{(i,j)}^{(k,l)} \tag{4.60}$$

最后，将表达式 4.59 和表达式 4.60 整合，得到使用德尔塔的更新表达式。

$$w_{ij}^{(l)} := w_{ij}^{(l)} - \eta \delta_i^{(l)} x_j^{(l-1)} \quad \text{......全连接层的权重}$$

$$b^{(l)} := b^{(l)} - \eta \delta_i^{(l)} \quad \text{......全连接层的偏置}$$

$$w_{(c,u,v)}^{(k,l)} := w_{(c,u,v)}^{(k,l)} - \eta \sum_{i=1}^{d} \sum_{j=1}^{d} \delta_{(i,j)}^{(k,l)} x_{(c,i+u-1,j+v-1)}^{(l-1)} \quad \text{......卷积过滤器的权重}$$

$$b^{(k,l)} := b^{(k,l)} - \eta \sum_{i=1}^{d} \sum_{j=1}^{d} \delta_{(i,j)}^{(k,l)} \quad \text{......卷积过滤器的偏置}$$

$$\tag{4.61}$$

 使用这些表达式更新权重和偏置的话，就能训练卷积神经网络了吧？

 是的。这些表达式看起来真的挺复杂的，不过从程序员的视角来看，把它们实现为代码后，应该就能加深理解哦。

 是的，我也是这么想的呢。

 我能教的关于卷积神经网络的机制和训练方法差不多就这些了。

 今天也有好多表达式的变形和微分的计算，累坏我了。

 能一步步跟下来不容易啊。

 前面学的全都是理论，美绪你说的正合我意，该到实现的时候了。

 那下次咱们就实际去编程试试吧！

 太好啦！还是写代码最有意思呀。

交叉熵到底是什么

 你知道交叉熵函数吗?

 绫姐你说的这个是神经网络的目标函数吧!

 你好厉害! 前几天人家告诉我, 交叉熵可以作为目标函数使用, 但我还没有真正理解它。

 我在信息论的课程中学过信息量, 当时顺便学了交叉熵。

 信息论? 我以为这是机器学习中的一个概念, 原来不是啊。

 如果你想了解交叉熵, 首先得了解熵的概念, 不然就很难了。

 这个我也没学过……到底什么是熵啊?

 好吧, 既然我也在学习机器学习, 那我就给绫姐分享一些我学到的知识。

熵

 假设有两个箱子, 每个箱子里面都有 16 个白、黑、红、灰 4 种颜色的球 (图 4-c-1)。

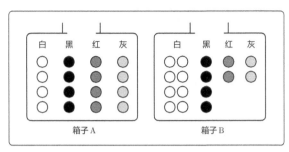

图 4-c-1

从每个箱子里拿出 1 个球，确认它的颜色后再把它放回同一个箱子里。重复这个操作，并只使用数字 0 和 1 记录出现的颜色。

这有点像在高中学过的概率问题……唉，我当时概率学得也不好。

我们要考虑的正是概率。从箱子里拿出哪个颜色的球的概率分布是这样的（表 4-c-1）。

	白	黑	红	灰
箱子 A	25.0%	25.0%	25.0%	25.0%
箱子 B	50.0%	25.0%	12.5%	12.5%

表 4-c-1

接下来是记录信息的部分，由于只使用 0 和 1，所以我们要对颜色进行编码。

嘿，作为一名程序员，编码这块儿我还是很熟悉的。嗯……这个像字符编码，由于区分的是白、黑、红、灰 4 种颜色，所以我们需要 2 比特（表 4-c-2）。

	白	黑	红	灰
编码方式	00	01	10	11

表 4-c-2

嗯嗯。这样编码基本上没什么问题，但如果考虑压缩的数据与概率的关系，我们可以想出另一种更理想的编码方法。

嗯？是要通过为概率高的值分配短的比特，为概率低的值分配长的比特来压缩整体的数据量？

没错！箱子 A 中球出现的概率全是 25%，所以 2 比特的编码是可以的，而箱子 B 中概率不等，白球更容易出现，考虑到这些，各个箱子的最佳编码方式是这样的（表 4-c-3）。

	白	黑	红	灰
箱子 A 的 最佳编码方式	00	01	10	11
箱子 B 的 最佳编码方式	0	10	110	111

表 4-c-3

在以最佳方式对各个箱子进行编码时，表示 1 种颜色所需的平均比特长度就叫作熵。

哇，出现"熵"这个词了。只是"熵"吗？没有"交叉"这个词吗？

是的。这个词也叫作平均信息量，现在交叉熵还没有出现。熵的数学表达式是这样的。

$$H(P) = -\sum_{\omega \in \Omega} P(\omega) \log_2 P(\omega)$$

$$(4.c.1)$$

怎、怎么回事？怎么突然出现 Ω 和 $P(\omega)$ 了？

Ω 表示事件的集合，在这个例子中 Ω ={ 白 , 黑 , 红 , 灰 }，而 $P(\omega)$ 是颜色被取出的概率。实际计算一下，对熵就会有感觉了。

$$H(P_a) = -\sum_{\omega\in\{白,黑,红,灰\}} P_a(\omega)\log_2 P_a(\omega)$$
$$= -P_a(白)\log_2 P_a(白) - P_a(黑)\log_2 P_a(黑) - P_a(红)\log_2 P_a(红) - P_a(灰)\log_2 P_a(灰)$$
$$= -0.25\log_2 0.25 - 0.25\log_2 0.25 - 0.25\log_2 0.25 - 0.25\log_2 0.25$$
$$= -0.25\log_2 2^{-2} - 0.25\log_2 2^{-2} - 0.25\log_2 2^{-2} - 0.25\log_2 2^{-2}$$
$$= 0.25\times 2 + 0.25\times 2 + 0.25\times 2 + 0.25\times 2$$
$$= 0.5 + 0.5 + 0.5 + 0.5$$
$$= 2.0$$

$$H(P_b) = -\sum_{\omega\in\{白,黑,红,灰\}} P_b(\omega)\log_2 P_b(\omega)$$
$$= -P_b(白)\log_2 P_b(白) - P_b(黑)\log_2 P_b(黑) - P_b(红)\log_2 P_b(红) - P_b(灰)\log_2 P_b(灰)$$
$$= -0.5\log_2 0.5 - 0.25\log_2 0.25 - 0.125\log_2 0.125 - 0.125\log_2 0.125$$
$$= -0.5\log_2 2^{-1} - 0.25\log_2 2^{-2} - 0.125\log_2 2^{-3} - 0.125\log_2 2^{-3}$$
$$= 0.5\times 1 + 0.25\times 2 + 0.125\times 3 + 0.125\times 3$$
$$= 0.5 + 0.5 + 0.375 + 0.375$$
$$= 1.75 \tag{4.c.2}$$

 我明白了。$H(P_a)$ 是箱子 A 的平均比特长度，$H(P_b)$ 是箱子 B 的平均比特长度……箱子 B 的值更短。

交叉熵

 我们已经知道，箱子 A 和箱子 B 有自己的最佳编码方式，每个箱子都有自己的熵值，现在可以考虑将它们交叉了。

 哇，"交叉"这个词终于出现了！它到底是什么意思呢？

 意思是用箱子 B 的最佳编码方式来编码箱子 A。

用箱子 B 的最佳编码方式来编码箱子 A？啥意思？脑子开始混乱了，这样做也太奇怪了吧？

是很奇怪。这样做之后，表示 1 种颜色所需的平均比特长度就会增加。

嗯，总感觉这么做有些浪费，不过确实能增加平均比特长度……

当使用概率分布 Q 的最佳编码方式对以概率分布 P 发生的信息进行编码时，表示信息所需的平均比特长度叫作交叉熵，它的数学表达式是这样的。

$$H(P, Q) = -\sum_{\omega \in \Omega} P(\omega) \log_2 Q(\omega) \tag{4.c.3}$$

啊……原来"交叉熵"是这个意思啊。

我们试试刚才说到的计算吧，也就是使用箱子 B 的编码方式对箱子 A 进行编码。

$$
\begin{aligned}
H\left(P_{a}, P_{b}\right) &= -\sum_{\omega \in \{\text{白, 黑, 红, 灰}\}} P_{a}(\omega) \log_2 P_{b}(\omega) \\
&= -P_{a}(\text{白}) \log_2 P_{b}(\text{白}) - P_{a}(\text{黑}) \log_2 P_{b}(\text{黑}) - P_{a}(\text{红}) \log_2 P_{b}(\text{红}) - P_{a}(\text{灰}) \log_2 P_{b}(\text{灰}) \\
&= -0.25 \log_2 0.5 - 0.25 \log_2 0.25 - 0.25 \log_2 0.125 - 0.25 \log_2 0.125 \\
&= -0.25 \log_2 2^{-1} - 0.25 \log_2 2^{-2} - 0.25 \log_2 2^{-3} - 0.25 \log_2 2^{-3} \\
&= 0.25 \times 1 + 0.25 \times 2 + 0.25 \times 3 + 0.25 \times 3 \\
&= 0.25 + 0.5 + 0.75 + 0.75 \\
&= 2.25
\end{aligned} \tag{4.c.4}
$$

箱子 A 实际上用 2 比特就可以表示 1 种颜色了，但如果使用箱子 B 的编码方式，就需要 2.25 比特才能表示 1 种颜色。的确变长了。

当两个概率分布 P 和 Q 一致时，交叉熵最小，也就是 P 的熵。如果 $P=Q$，那么表达式 4.c.3 和表达式 4.c.1 就一样了。

那么在机器学习的语境下，最小化交叉熵是不是就意味着使训练数据的概率 P 和神经网络输出的概率 Q 尽可能接近呢？

这么理解应该是没问题的。

咦？等一下。表达式 4.c.3 中的交叉熵的 log 的底是 2，但用作目标函数的交叉熵的表达式的底可是自然对数 e 呀。

因为我们讨论的例子中只用两个数字 0 和 1 来记录信息，所以我把底设为了 2，但熵的性质决定了底是什么并不重要。

哦，我明白了，那就没事了。

现在理解熵和交叉熵了吗？

嗯，对我来说还是有点难，但比什么都不了解的时候要清晰一些了。

在教别人的过程中我的理解也加深了，也有所收获，真好啊。

第5章

实现神经网络

绫乃基于已经学到的内容，
开始使用 Python 来实现神经网络了。
她一边回顾前面出现过的数学表达式，
一边将它们实现为程序。
大家也一起来编写程序吧！
关于环境搭建，请参考附录。

5.1 | 使用 Python 实现

 今天好想写代码来实现神经网络啊！

 好呀！前面学的都是理论和数学表达式，很枯燥吧？

 虽然我也喜欢学习背后的数学知识，但还是想实际尝试编程，看到程序动起来的样子。

 嗯。通过实现可以加深对它的理解，所以亲自动手运行神经网络是很重要的。

 是不是使用 Python 作为编程语言更好？

 如果只是单纯地想实现神经网络，那么使用哪种编程语言都可以。不过，要说使用哪种语言容易实现，那还得是 Python。

 那我们就使用 Python 吧！对我来说，其实哪门语言问题都不大。

 不愧是能干的程序员。

 那就开始吧！我想先试试那个，也就是把长宽比较小的图像判断为细长的那个神经网络。

 嗯，用这个问题来练手不错。

 是吧！毕竟，当时我还不知道该如何处理权重呢。

这是验证能否用神经网络来解决实际问题的好机会。

好！我来试试！

5.2 | 判断长宽比的神经网络

首先要准备一些下面这种形式的训练数据，得有宽和高的值。

$$x = \begin{bmatrix} x_1 \\ x_2 \end{bmatrix} \quad \begin{array}{l} \cdots \cdots 宽 \\ \cdots \cdots 高 \end{array}$$

$$\begin{array}{ll} y = 1 \quad or & \cdots \cdots 细长 \\ \quad 0 & \cdots \cdots 非细长 \end{array} \tag{5.1}$$

我随便生成一些吧。

■ 在 Python 交互式环境中执行（示例代码 5-1）

```
>>> import numpy as np
>>>
>>> # 训练数据的数量
>>> N = 1000
>>>
>>> # （为了使训练结果可以复现，固定种子的值。本来是不需要这么做的）
>>> np.random.seed(1)
>>>
>>> # 随机生成训练数据和正确答案的标签
>>> TX = ( np.random.rand(N, 2) * 1000). astype(np.int32) + 1
>>> TY = (TX.min(axis=1) / TX.max(axis=1) <= 0.2).astype(np.int)[ np.
newaxis].T
```

数据的内容大概是这样的（表5-1）。

索引	TX		TY （1代表细长，0代表非细长）
	宽	高	正确答案
0	418	721	0
1	1	303	1
2	147	93	0
⋮			
999	31	947	1

表 5-1

随便看一个数据，比如 TX[0]，它是不是代表一个大小为 418 px × 721 px 的长方形呀？

是的，因为大小是 418 px × 721 px，非细长，所以标签也是表示非细长的 0。

我明白了。不过，这里我要介绍一个小知识。

嗯？什么小知识？

你准备的训练数据当然可以直接使用，但这样的数据可能会导致收敛速度变慢。

机器学习中经常使用一种叫作**标准化**的技术，通过对训练数据进行标准化，使其平均值等于 0、方差等于 1，就能提高参数收敛的速度。

平均值等于 0、方差等于 1？我不是很明白。

只要按照这个表达式转换数据就可以了。μ 是训练数据的平均值，σ 是训练数据的标准差，对于每个宽和高都要进行计算哦。

$$x_1 := \frac{x_1 - \mu_1}{\sigma_1}$$
$$x_2 := \frac{x_2 - \mu_2}{\sigma_2} \tag{5.2}$$

哦，那这样计算对吗?

■ 在 Python 交互式环境中执行（示例代码 5-2）

```
>>> # 计算平均值和标准差
>>> MU = TX. mean(axis=0)
>>> SIGMA = TX. std(axis=0)
>>>
>>> # 标准化
>>> def standardize(X):
...     return (X - MU) / SIGMA
...
>>> TX = standardize(TX)
```

是的，这样算就对了。此时再看一下 TX 内部的值，就会发现数值的比例已经改变了（表 5-2）。

索引	TX		TY （1 代表细长，0 代表非细长）
	宽	高	正确答案
0	−0.284 716 83	0.686 386 87	0
1	−1.731 864 87	−0.738 444 34	1
2	−1.225 189 54	−1.454 268 63	0
⋮			
999	−1.627 753 5	1.456 750 16	1

表 5-2

果然变了……但这些数值对人类来说也不好理解了。

哈哈，是呢。不过最终是由计算机来计算，咱们就忍受一下吧。

5.2.1 神经网络的结构

接下来要确定神经网络的结构了。

结构？层数、单元数之类的吗？

嗯，是的。绫乃，你就按照自己的喜好来决定吧。

啊？好吧。你让我自由决定，我反倒觉得难了……

这是因为没有最佳实践哦。除了权重和偏置这种需要优化的参数之外，还需由开发者决定层数和单元数，这些参数叫作**超参数**，如何决定这些参数也是一个难题。

那我就先用你教我误差反向传播时使用的神经网络试试吧！这样如何（图5-1）？

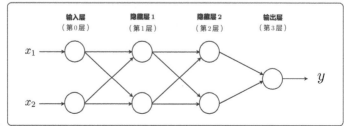

图 5-1

嗯，要先试试才知道好不好。对于这种形状的神经网络，需要这些权重矩阵和偏置。

$$\boldsymbol{W}^{(1)} = \begin{bmatrix} w_{11}^{(1)} & w_{12}^{(1)} \\ w_{21}^{(1)} & w_{22}^{(1)} \end{bmatrix}, \quad \boldsymbol{W}^{(2)} = \begin{bmatrix} w_{11}^{(2)} & w_{12}^{(2)} \\ w_{21}^{(2)} & w_{22}^{(2)} \end{bmatrix}, \quad \boldsymbol{W}^{(3)} = \begin{bmatrix} w_{11}^{(3)} & w_{12}^{(3)} \end{bmatrix}$$

$$\boldsymbol{b}^{(1)} = \begin{bmatrix} b_1^{(1)} \\ b_2^{(1)} \end{bmatrix}, \qquad \boldsymbol{b}^{(2)} = \begin{bmatrix} b_1^{(2)} \\ b_2^{(2)} \end{bmatrix}, \qquad \boldsymbol{b}^{(3)} = \begin{bmatrix} b_1^{(3)} \end{bmatrix}$$

$$(5.3)$$

让我们在程序中分别初始化这些值吧！任何初始值都可以。

既然什么初始值都行，那用随机数行吗?

■ 在 Python 交互式环境中执行（示例代码 5-3）

```
>>> # 权重和偏置
>>> W1 = np.random.randn(2, 2)   # 第 1 层的权重
>>> W2 = np.random.randn(2, 2)   # 第 2 层的权重
>>> W3 = np.random.randn(1, 2)   # 第 3 层的权重
>>> b1 = np.random.randn(2)      # 第 1 层的偏置
>>> b2 = np.random.randn(2)      # 第 2 层的偏置
>>> b3 = np.random.randn(1)      # 第 3 层的偏置
```

可以的。

实际实现的时候，我就用简单的数组了。我觉得对于程序员来说，它比矩阵和向量更让人感到放心。

哈哈，不出我所料。

接下来应该实现神经网络的部分啦。

到了神经网络的部分,我们需要实现正向传播和反向传播。

先从正向传播开始?

是的。对于全连接神经网络,只需要重复矩阵的计算和激活函数的应用即可。

$$\boldsymbol{x}^{(0)} \quad \cdots\cdots 输入层$$
$$\boldsymbol{x}^{(1)} = \boldsymbol{a}^{(1)} \left(\boldsymbol{W}^{(1)}\boldsymbol{x}^{(0)} + \boldsymbol{b}^{(1)} \right) \quad \cdots\cdots 第 1 层$$
$$\boldsymbol{x}^{(2)} = \boldsymbol{a}^{(2)} \left(\boldsymbol{W}^{(2)}\boldsymbol{x}^{(1)} + \boldsymbol{b}^{(2)} \right) \quad \cdots\cdots 第 2 层$$
$$\boldsymbol{x}^{(3)} = \boldsymbol{a}^{(3)} \left(\boldsymbol{W}^{(3)}\boldsymbol{x}^{(2)} + \boldsymbol{b}^{(3)} \right) \quad \cdots\cdots 第 3 层 \tag{5.4}$$

（取自表达式 2.67）

选择 sigmoid 函数作为激活函数如何?

好啊,就使用 sigmoid 函数吧。你还记得这个函数的表达式吗?
要直接按照表达式实现哦。

$$\sigma(x) = \frac{1}{1 + \mathrm{e}^{-x}} \tag{5.5}$$

（取自表达式 2.39）

嗯。这就是 sigmoid 函数的实现，写好啦！

■ 在 Python 交互式环境中执行（示例代码 5-4）

```
>>> # sigmoid 函数
>>> def sigmoid(x):
...     return 1.0 / (1.0 + np.exp(-x))
```

接下来，编写使用 sigmoid 函数作为激活函数进行正向传播的处理。

直接按照表达式 5.4 编写就行了吧？

基本上是的，不过由于之后的反向传播和权重的更新要用到各层的输入 $x^{(1)}$ 和加权输入 $z^{(1)}$，所以在实现时要编写代码保留它们的值。

好的。我先让正向传播的函数全部返回值，再让调用它们的地方接收返回值，这样就可以了吧？

■ 在 Python 交互式环境中执行（示例代码 5-5）

```
>>> # 正向传播
>>> def forward(x0):
...     z1 = np.dot(W1, x0) + b1
...     x1 = sigmoid(z1)
...     z2 = np.dot(W2, x1) + b2
...     x2 = sigmoid(z2)
...     z3 = np.dot(W3, x2) + b3
...     x3 = sigmoid(z3)
...     return z1, x1, z2, x2, z3, x3
```

代码差不多就这样了。

这个实现已经很好了，但为了能在正向传播时一次性处理多个数据，我们对矩阵的乘法，也就是 np.dot 的部分稍作修改吧。

一次性处理多个数据？

你实现的代码中，forward 函数的输入 $x^{(0)}$ 只能接收 1 个数据，所以第 1 层的计算是这样进行的，没错吧？

$$W^{(1)}x^{(0)} + b^{(1)} = \begin{bmatrix} w_{11}^{(1)} & w_{12}^{(1)} \\ w_{21}^{(1)} & w_{22}^{(1)} \end{bmatrix} \begin{bmatrix} x_1^{(0)} \\ x_2^{(0)} \end{bmatrix} + \begin{bmatrix} b_1^{(1)} \\ b_2^{(1)} \end{bmatrix}$$

$$= \begin{bmatrix} x_1 w_{11}^{(1)} + x_2 w_{12}^{(1)} + b_1^{(1)} \\ x_1 w_{21}^{(1)} + x_2 w_{22}^{(1)} + b_2^{(1)} \end{bmatrix} \tag{5.6}$$

嗯，因为表达式 5.4 的 $x^{(0)}$ 也只有 1 个数据呀。

在推导数学表达式时，为了简单说明，我们只关注了 1 个数据的情况，但训练数据是有多个的。因此，在实现时，最好能一次性处理多个数据，这样代码更整洁，处理速度也更快。

我明白了，的确是这样是。

从表 5-1 可以看出，一开始生成的训练数据 TX 可以被视为纵向排列的矩阵，对吧？

$$X_{\text{train}} = \begin{bmatrix} x_0^{\text{T}} \\ x_1^{\text{T}} \\ x_2^{\text{T}} \\ \vdots \\ x_{999}^{\text{T}} \end{bmatrix} = \begin{bmatrix} x_{(0,1)} & x_{(0,2)} \\ x_{(1,1)} & x_{(1,2)} \\ x_{(2,1)} & x_{(2,2)} \\ \vdots & \vdots \\ x_{(999,1)} & x_{(999,2)} \end{bmatrix} = \begin{bmatrix} 418 & 721 \\ 1 & 303 \\ 147 & 93 \\ \vdots & \vdots \\ 31 & 947 \end{bmatrix} \tag{5.7}$$

嗯嗯，仔细一想确实是这样的。

当 $\boldsymbol{X}_{\text{train}}$ 为 $\boldsymbol{X}^{(0)}$ 时，把这个矩阵乘以转置的权重矩阵，就可以一次性地对每一行的训练数据应用权重了。

$$\boldsymbol{X}^{(0)}\boldsymbol{W}^{(1)^{\mathrm{T}}} + \boldsymbol{B}^{(1)}$$

$$= \begin{bmatrix} x_{(0,1)}^{(0)} & x_{(0,2)}^{(0)} \\ x_{(1,1)}^{(0)} & x_{(1,2)}^{(0)} \\ x_{(2,1)}^{(0)} & x_{(2,2)}^{(0)} \\ \vdots & \vdots \\ x_{(999,1)}^{(0)} & x_{(999,2)}^{(0)} \end{bmatrix} \begin{bmatrix} w_{11}^{(1)} & w_{21}^{(1)} \\ w_{12}^{(1)} & w_{22}^{(1)} \end{bmatrix} + \begin{bmatrix} b_1^{(1)} & b_2^{(1)} \\ b_1^{(1)} & b_2^{(1)} \\ b_1^{(1)} & b_2^{(1)} \\ \vdots & \vdots \\ b_1^{(1)} & b_2^{(1)} \end{bmatrix}$$

$$= \begin{bmatrix} x_{(0,1)}^{(0)}w_{11}^{(1)} + x_{(0,2)}^{(0)}w_{12}^{(1)} + b_1^{(1)} & x_{(0,1)}^{(0)}w_{21}^{(1)} + x_{(0,2)}^{(0)}w_{22}^{(1)} + b_2^{(1)} \\ x_{(1,1)}^{(0)}w_{11}^{(1)} + x_{(1,2)}^{(0)}w_{12}^{(1)} + b_1^{(1)} & x_{(1,1)}^{(0)}w_{21}^{(1)} + x_{(1,2)}^{(0)}w_{22}^{(1)} + b_2^{(1)} \\ x_{(2,1)}^{(0)}w_{11}^{(1)} + x_{(2,2)}^{(0)}w_{12}^{(1)} + b_1^{(1)} & x_{(2,1)}^{(0)}w_{21}^{(1)} + x_{(2,2)}^{(0)}w_{22}^{(1)} + b_2^{(1)} \\ \vdots & \vdots \\ x_{(999,1)}^{(0)}w_{11}^{(1)} + x_{(999,2)}^{(0)}w_{12}^{(1)} + b_1^{(1)} & x_{(999,1)}^{(0)}w_{21}^{(1)} + x_{(999,2)}^{(0)}w_{22}^{(1)} + b_2^{(1)} \end{bmatrix}$$

$$= \begin{bmatrix} z_{(0,1)}^{(1)} & z_{(1,2,2)}^{(1)} \\ z_{(1,1)}^{(1)} & z_{(1,2)}^{(1)} \\ z_{(2,1)}^{(1)} & z_{(2,2)}^{(1)} \\ \vdots & \vdots \\ z_{(999,1)}^{(1)} & z_{(999,2)}^{(1)} \end{bmatrix} = \begin{bmatrix} \boldsymbol{z}_0^{(1)^{\mathrm{T}}} \\ \boldsymbol{z}_1^{(1)^{\mathrm{T}}} \\ \boldsymbol{z}_2^{(1)^{\mathrm{T}}} \\ \vdots \\ \boldsymbol{z}_{999}^{(1)^{\mathrm{T}}} \end{bmatrix} \tag{5.8}$$

表达式中新出现了 $\boldsymbol{B}^{(1)}$，但它只是 $b_1^{(1)}$ 在纵向的重复排列，所以不要把它想得很难。

矩阵转置之后，是不是变成了一个与原来的权重矩阵完全不同的、新的权重矩阵了？这样也行吗？

并不会哦。虽然转置的确改变了矩阵的形状，但它并没有改变矩阵中数值的含义，只是为了配合计算而把矩阵调整为"能够计算的形状"。而这样计算得到的表达式 5.8 的结果的每一行，都是与每个 $\boldsymbol{x}^{(0)}$ 相对应的 $\boldsymbol{z}^{(0)}$，所以同样可以用矩阵 $\boldsymbol{Z}^{(1)}$ 来表示它。

此外，由于对 $\boldsymbol{Z}^{(1)}$ 应用激活函数后的输出直接作为下一层的输入矩阵，所以再次同样地乘以转置的权重矩阵。

$$\boldsymbol{Z}^{(1)} = \boldsymbol{X}^{(0)}\boldsymbol{W}^{(1)^{\mathrm{T}}} + \boldsymbol{B}^{(1)}$$
$$\boldsymbol{X}^{(1)} = \boldsymbol{a}^{(1)}\left(\boldsymbol{Z}^{(1)}\right)$$
$$\boldsymbol{Z}^{(2)} = \boldsymbol{X}^{(1)}\boldsymbol{W}^{(2)^{\mathrm{T}}} + \boldsymbol{B}^{(2)}$$
$$\boldsymbol{X}^{(2)} = \boldsymbol{a}^{(2)}\left(\boldsymbol{Z}^{(2)}\right)$$
$$\boldsymbol{Z}^{(3)} = \boldsymbol{X}^{(2)}\boldsymbol{W}^{(3)^{\mathrm{T}}} + \boldsymbol{B}^{(3)}$$
$$\boldsymbol{X}^{(3)} = \boldsymbol{a}^{(3)}\left(\boldsymbol{Z}^{(3)}\right) \tag{5.9}$$

既然刚才写的 forward 函数接收的是包含多个数据的矩阵，那么把其中进行矩阵乘积计算的 np.dot 的部分重写就好了吧？

■ 在 Python 交互式环境中执行（示例代码 5-6）

```
>>> # 正向传播
>>> def forward(X0):
...     Z1 = np.dot(X0, W1.T) + b1
...     X1 = sigmoid(Z1)
...     Z2 = np.dot(X1, W2.T) + b2
...     X2 = sigmoid(Z2)
...     Z3 = np.dot(X2, W3.T) + b3
...     X3 = sigmoid(Z3)
...     return Z1, X1, Z2, X2, Z3, X3
```

是的，现在可以一次性进行多行数据的正向传播了。

看来如果要实现，有时就必须得下功夫去解决效率问题呀。

当然啦。这样就完成了正向传播，接下来是反向传播的实现。

首先要计算德尔塔吧？

反向传播处理中需要 3 样东西：sigmoid 函数的微分、输出层的德尔塔和隐藏层的德尔塔。让我们依次实现它们吧。

对哦，还有用于计算德尔塔的激活函数的微分呢。

是的。表达式 5.5 中 sigmoid 函数的微分形式是这个。直接把它写成代码即可。

$$\frac{\mathrm{d}\sigma(x)}{\mathrm{d}x} = (1 - \sigma(x))\sigma(x) \tag{5.10}$$

（取自表达式 3.51）

嗯，直接写成代码……写好了。

■ 在 Python 交互式环境中执行（示例代码 5-7）

```
>>> # sigmoid 函数的微分
>>> def dsigmoid(x):
...     return (1.0 - sigmoid(x)) * sigmoid(x)
```

接下来是输出层的德尔塔。

$$\delta_i^{(3)} = \left(a^{(3)}\left(z_i^{(3)}\right) - y_k\right)a'^{(3)}\left(z_i^{(3)}\right) \tag{5.11}$$

（取自表达式 3.69）

这个也是照着表达式直接实现就行了吧？

嗯。不过，刚才为了能够一次性处理多个数据，我们把 x 和 z 升级为矩阵了，这次我们也得让德尔塔成为表示多个数据的矩阵哦。

$$\boldsymbol{\Delta}^{(3)} = \left(\boldsymbol{a}^{(3)} \left(\boldsymbol{Z}^{(3)} \right) - \boldsymbol{Y}_{\text{train}} \right) \otimes \boldsymbol{a}'^{(3)} \left(\boldsymbol{Z}^{(3)} \right)$$

$$= \begin{bmatrix} a^{(3)} \left(z^{(3)}_{(0,1)} \right) - y_0 \\ a^{(3)} \left(z^{(3)}_{(1,1)} \right) - y_1 \\ a^{(3)} \left(z^{(3)}_{(2,1)} \right) - y_2 \\ \vdots \\ a^{(3)} \left(z^{(3)}_{(999,1)} \right) - y_{999} \end{bmatrix} \otimes \begin{bmatrix} a'^{(3)} \left(z^{(3)}_{(3),1} \right) \\ a'^{(3)} \left(z^{(3)}_{(1,1)} \right) \\ a'^{(3)} \left(z^{(3)}_{(2,1)} \right) \\ \vdots \\ a'^{(3)} \left(z^{(3)}_{(999,1)} \right) \end{bmatrix}$$

$$= \begin{bmatrix} \left(a^{(3)} \left(z^{(3)}_{(0,1)} \right) - y_0 \right) \cdot a'^{(3)} \left(z^{(3)}_{(0,1)} \right) \\ \left(a^{(3)} \left(z^{(3)}_{(1,1)} \right) - y_1 \right) \cdot a'^{(3)} \left(z^{(3)}_{(1,1)} \right) \\ \left(a^{(3)} \left(z^{(3)}_{(2,1)} \right) - y_2 \right) \cdot a'^{(3)} \left(z^{(3)}_{(2,1)} \right) \\ \vdots \\ \left(a^{(3)} \left(z^{(3)}_{(999,1)} \right) - y_{999} \right) \cdot a'^{(3)} \left(z^{(3)}_{(999,1)} \right) \end{bmatrix} = \begin{bmatrix} \delta^{(3)}_{(0,1)} \\ \delta^{(3)}_{(1)} \\ \delta^{(3)}_{(2,1)} \\ \vdots \\ \delta^{(3)}_{(999,1)} \end{bmatrix} \quad (5.12)$$

$\boldsymbol{\Delta}$ 是 δ 的大写字母，为了能够一眼看出它表示包含多个数据的德尔塔，这里使用了大写字母，就像 $\boldsymbol{X}$ 和 x 的关系一样。

圆圈里有个叉的符号是什么呢？

$\otimes$ 指的是对每个元素都进行的乘法运算。一般来说，矩阵并排放在一起时所做的是矩阵的乘法运算，而在使用这个符号时，就是明确表明要对每个元素都进行乘法运算。

哇，我头一次见！拿 numpy 的实现来说，就是 np.dot(A, B) 和 A * B 的区别吧？

是的，就是这个区别。前者是矩阵的乘法运算，写作 AB，后者是每个元素的乘法运算，写作 $A \otimes B$。

我明白了。反正只要注意，收到的参数是矩阵的话，同样返回矩阵作为返回值就好了。

嗯，就是这样的。

为了计算输出层的德尔塔，我们需要加权输入 Z 和正确答案的标签 Y，所以两个参数应该就行了。

■ 在 Python 交互式环境中执行（示例代码 5-8）

```
>>> # 输出层的德尔塔
>>> def delta_output(Z, Y):
...     return (sigmoid(Z) - Y) * dsigmoid(Z)
```

最后是隐藏层的德尔塔的实现。

$$\delta_i^{(l)} = a'^{(l)}\left(z_i^{(l)}\right) \sum_{r=1}^{m^{(l+1)}} \delta_r^{(l+1)} w_{ri}^{(l+1)} \tag{5.13}$$

（取自表达式 3.69）

同样，把它们都当作矩阵来处理也会更高效。

我知道前面激活函数的微分部分怎么计算，可是后面的求和部分该如何以矩阵的形式计算呢？

那我们就仔细地来看一下求和的部分。具体来说，展开第 1 个隐藏层德尔塔的求和部分。

求和部分的展开是这样做吗？

$$\sum_{r=1}^{2} \delta_r^{(2)} w_{r1}^{(2)} = \delta_1^{(2)} w_{11}^{(2)} + \delta_2^{(2)} w_{21}^{(2)}$$

$$\sum_{r=1}^{2} \delta_r^{(2)} w_{r2}^{(2)} = \delta_1^{(2)} w_{12}^{(2)} + \delta_2^{(2)} w_{22}^{(2)} \tag{5.14}$$

是的。如果把表达式 5.14 中的两个表达式横着并排放在一起，就可以像这样把它们表示为矩阵的乘法运算的形式。

$$\left[\begin{array}{cc} \delta_1^{(2)} & \delta_2^{(2)} \end{array}\right] \left[\begin{array}{cc} w_{11}^{(2)} & w_{12}^{(2)} \\ w_{21}^{(2)} & w_{22}^{(2)} \end{array}\right]$$
$$= \left[\begin{array}{cc} \delta_1^{(2)} w_{11}^{(2)} + \delta_2^{(2)} w_{21}^{(2)} & \delta_1^{(2)} w_{12}^{(2)} + \delta_2^{(2)} w_{22}^{(2)} \end{array}\right] \tag{5.15}$$

而表达式 5.15 虽然是对 1 个数据进行德尔塔的计算，但如果把每个数据的德尔塔纵向排列到一起，就能一次性计算多个数据啦。

$$\left[\begin{array}{cc} \delta_{(0,1)}^{(2)} & \delta_{(0,2)}^{(2)} \\ \delta_{(1,1)}^{(2)} & \delta_{(1,2)}^{(2)} \\ \delta_{(2,1)}^{(2)} & \delta_{(2,2)}^{(2)} \\ \vdots & \vdots \\ \delta_{(999,1)}^{(2)} & \delta_{(999,2)}^{(2)} \end{array}\right] \left[\begin{array}{cc} w_{11}^{(2)} & w_{12}^{(2)} \\ w_{21}^{(2)} & w_{22}^{(2)} \end{array}\right]$$
$$= \left[\begin{array}{cc} \delta_{(0,1)}^{(2)} w_{11}^{(2)} + \delta_{(0,2)}^{(2)} w_{21}^{(2)} & \delta_{(0,1)}^{(2)} w_{12}^{(2)} + \delta_{(0,2)}^{(2)} w_{22}^{(2)} \\ \delta_{(1,1)}^{(2)} w_{11}^{(2)} + \delta_{(1,2)}^{(2)} w_{21}^{(2)} & \delta_{(1,1)}^{(2)} w_{12}^{(2)} + \delta_{(1,2)}^{(2)} w_{22}^{(2)} \\ \delta_{(2,1)}^{(2)} w_{11}^{(2)} + \delta_{(2,2)}^{(2)} w_{21}^{(2)} & \delta_{(2,1)}^{(2)} w_{12}^{(2)} + \delta_{(2,2)}^{(2)} w_{22}^{(2)} \\ \vdots & \vdots \\ \delta_{(999,1)}^{(2)} w_{11}^{(2)} + \delta_{(999,2)}^{(2)} w_{21}^{(2)} & \delta_{(999,1)}^{(2)} w_{12}^{(2)} + \delta_{(999,2)}^{(2)} w_{22}^{(2)} \end{array}\right] \tag{5.16}$$

我明白了，的确可以这样呢。

如果把表达式 5.16 的德尔塔矩阵设为 $\boldsymbol{\Delta}^{(2)}$，那么表达式 5.13 的德尔塔就可以像这样一次性地计算出来了。

$$\boldsymbol{\Delta}^{(1)} = \boldsymbol{a}'^{(1)}\left(\boldsymbol{Z}^{(1)}\right) \otimes \boldsymbol{\Delta}^{(2)} \boldsymbol{W}^{(2)} \tag{5.17}$$

另外，虽然表达式 5.17 本来是基于第 1 个隐藏层设计的，但由于其他隐藏层的情况也完全相同，所以使用 l 就把它变成通用的表达式了。

$$\boldsymbol{\Delta}^{(l)} = \boldsymbol{a}'^{(l)}\left(\boldsymbol{Z}^{(l)}\right) \otimes \boldsymbol{\Delta}^{(l+1)}\boldsymbol{W}^{(l+1)} \tag{5.18}$$

好的，为了计算隐藏层的德尔塔，需要加权输入 $\boldsymbol{Z}$、下一层的德尔塔 $\boldsymbol{\Delta}$ 和权重 $\boldsymbol{W}$，所以这次需要 3 个参数。

■ 在 Python 交互式环境中执行（示例代码 5-9）

```
>>> # 隐藏层的德尔塔
>>> def delta_hidden(Z, D, W):
...     return dsigmoid(Z) * np.dot(D, W)
```

这样就完成了计算反向传播所需的实现。

那从后续层的德尔塔开始计算的过程，就是反向传播了吧？

■ 在 Python 交互式环境中执行（示例代码 5-10）

```
>>> # 反向传播
>>> def backward(Y, Z3, Z2, Z1):
...     D3 = delta_output(Z3, Y)
...     D2 = delta_hidden(Z2, D3, W3)
...     D1 = delta_hidden(Z1, D2, W2)
...     return D3, D2, D1
```

这样一来，神经网络的实现也就完成了吧？

是的，感觉实现得不错呢。

接下来要做的是，使用反向传播的德尔塔来实现更新参数的部分。

好的。用这个参数更新表达式可以吗？

$$w_{ij}^{(l)} := w_{ij}^{(l)} - \eta \frac{\partial E(\boldsymbol{\Theta})}{\partial w_{ij}^{(l)}}$$

$$b_i^{(l)} := b_i^{(l)} - \eta \frac{\partial E(\boldsymbol{\Theta})}{\partial b_i^{(l)}}$$

$$(5.19)$$

（取自表达式 3.68 和表达式 3.69）

嗯，就用以前用过的表达式。我们来实现它吧！

好的。不过，把学习率 η 设为什么值好呢？

哪个值更好不能一概而论，需要不断尝试。它是一种超参数，一般会设置为 0.01 或 0.001 这样比较小的数值。

这样啊，那暂时将它设置为 0.001 吧。

■ 在 Python 交互式环境中执行（示例代码 5-11）

```
>>> # 学习率
>>> ETA = 0.001
```

我就用这个值来实现表达式 5.19 啦？

先等一下，还记得我们在推导数学表达式时，计算的是单个误差 $E(\Theta)$ 的偏微分，而不是误差之和 $E_k(\Theta)$ 吗？

啊，你这么一说我想起来了，还真是这样的。求和与偏微分是可以互换的，所以我们是先计算各个误差的偏微分，最后把它们加起来。

是的。由于之前反向传播的计算是基于各个误差的偏微分的，所以在更新参数时，我们要把表达式 5.19 的偏微分部分稍作修改，改为将各个误差的偏微分加起来的形式。

$$\frac{\partial E(\Theta)}{\partial w_{ij}^{(l)}} = \sum_{k=0}^{999} \frac{\partial E_k(\Theta)}{\partial w_{ij}^{(l)}} = \sum_{k=0}^{999} \delta_{(k,i)}^{(l)} x_{(k,j)}^{(l-1)}$$

$$\frac{\partial E(\Theta)}{\partial b_{i}^{(l)}} = \sum_{k=0}^{999} \frac{\partial E_k(\Theta)}{\partial b_{i}^{(l)}} = \sum_{k=0}^{999} \delta_{(k,i)}^{(l)} \tag{5.20}$$

那把表达式 5.20 代入表达式 5.19 后，把新的表达式作为参数更新表达式进行实现就行了吧？

$$w_{ij}^{(l)} := w_{ij}^{(l)} - \eta \sum_{k=0}^{999} \delta_{(k,i)}^{(l)} x_{(k,j)}^{(l-1)}$$

$$b_{i}^{(l)} := b_{i}^{(l)} - \eta \sum_{k=0}^{999} \delta_{(k,i)}^{(l)} \tag{5.21}$$

是的。对于 $\delta_{(k,i)}^{(l)}$ 和 $x_{(k,j)}^{(l-1)}$，就和之前一样，采用把它当作矩阵计算的做法就行。

嗯……借助矩阵一次性地进行计算，想想还是很难啊。

是啊，如果不习惯的话，是会觉得有点难的。

由于表达式中出现了 $\delta^{(l)}_{(k,i)}$ 和 $x^{(l-1)}_{(k,j)}$，所以就要换成 $\boldsymbol{\Delta}^{(l)}$ 和 $\boldsymbol{X}^{(l-1)}$ 了，对吧？

对的。其实，把 $\boldsymbol{\Delta}^{(l)}$ 转置后乘以 $\boldsymbol{X}^{(l-1)}$，就能一次性计算出包含在 $W^{(l)}$ 中的权重的更新表达式了。

是吗？所有权重一次就计算出来了？

是的。我们使用 $\boldsymbol{\Delta}^{(2)}$ 和 $\boldsymbol{X}^{(1)}$ 来看看 $\boldsymbol{W}^{(2)}$ 是如何被更新的。

$$\boldsymbol{W}^{(2)} := \boldsymbol{W}^{(2)} - \eta \boldsymbol{\Delta}^{(2)^{\mathrm{T}}} \boldsymbol{X}^{(1)}$$

$$= \begin{bmatrix} w^{(2)}_{11} & w^{(2)}_{12} \\ w^{(2)}_{21} & w^{(2)}_{22} \end{bmatrix} - \eta \begin{bmatrix} \delta^{(2)}_{(0,1)} & \delta^{(2)}_{(1,1)} & \cdots & \delta^{(2)}_{(999,1)} \\ \delta^{(2)}_{(0,2)} & \delta^{(2)}_{(1,2)} & \cdots & \delta^{(2)}_{(999,2)} \end{bmatrix} \begin{bmatrix} x^{(1)}_{(0,1)} & x^{(1)}_{(0,2)} \\ x^{(1)}_{(1,1)} & x^{(1)}_{(1,2)} \\ \vdots & \vdots \\ x^{(1)}_{(999,1)} & x^{(1)}_{(999,2)} \end{bmatrix}$$

$$= \begin{bmatrix} w^{(2)}_{11} & w^{(2)}_{12} \\ w^{(2)}_{21} & w^{(2)}_{22} \end{bmatrix} - \begin{bmatrix} \eta \sum_{k=0}^{999} \delta^{(2)}_{(k,1)} x^{(1)}_{(k,1)} & \eta \sum_{k=0}^{999} \delta^{(2)}_{(k,1)} x^{(1)}_{(k,2)} \\ \eta \sum_{k=0}^{999} \delta^{(2)}_{(k,2)} x^{(1)}_{(k,1)} & \eta \sum_{k=0}^{999} \delta^{(2)}_{(k,2)} x^{(1)}_{(k,2)} \end{bmatrix}$$

$$= \begin{bmatrix} w^{(2)}_{11} - \eta \sum_{k=0}^{999} \delta^{(2)}_{(k,1)} x^{(1)}_{(k,1)} & w^{(2)}_{12} - \eta \sum_{k=0}^{999} \delta^{(2)}_{(k,1)} x^{(1)}_{(k,2)} \\ w^{(2)}_{21} - \eta \sum_{k=0}^{999} \delta^{(2)}_{(k,2)} x^{(1)}_{(k,1)} & w^{(2)}_{22} - \eta \sum_{k=0}^{999} \delta^{(2)}_{(k,2)} x^{(1)}_{(k,2)} \end{bmatrix} \tag{5.22}$$

表达式 5.22 中最后一个矩阵的每个元素都与表达式 5.21 中右侧的是一样的，能看出来吗？

果然是一样的！所以，最终实现这个表达式来更新权重就好了吧？

$$\boldsymbol{W}^{(l)} := \boldsymbol{W}^{(l)} - \eta \boldsymbol{\Delta}^{(l)^{\mathrm{T}}} \boldsymbol{X}^{(l-1)} \tag{5.23}$$

至于偏置，只要把 $\boldsymbol{\Delta}^{(l)}$ 的每个数据加起来就行了，无须考虑矩阵的计算。

$$\boldsymbol{b}^{(l)} := \begin{bmatrix} b_1^{(l)} - \eta \sum_{k=0}^{999} \delta_{(k,1)}^{(l)} \\ b_2^{(l)} - \eta \sum_{k=0}^{999} \delta_{(k,2)}^{(l)} \\ \vdots \end{bmatrix} \tag{5.24}$$

使用 numpy 的 sum 函数应该就能实现了。

那就来实现表达式 5.23 和表达式 5.24 吧。

我们只有表达式 5.3 的参数，根据表达式 5.23 和表达式 5.24 更新所有这些参数就行了吧?

■ 在 Python 交互式环境中执行（示例代码 5-12）

```
>>> # 对目标函数的权重进行微分
>>> def dweight(D, X):
...     return np.dot(D.T, X)
...
>>> # 对目标函数的偏置进行微分
>>> def dbias(D):
...     return D.sum(axis=0)
...
>>> # 更新参数
>>> def update_parameters(D3, X2, D2, X1, D1, X0):
...     global W3, W2, W1, b3, b2, b1
...     W3 = W3 - ETA * dweight(D3, X2)
...     W2 = W2 - ETA * dweight(D2, X1)
...     W1 = W1 - ETA * dweight(D1, X0)
...     b3 = b3 - ETA * dbias(D3)
...     b2 = b2 - ETA * dbias(D2)
...     b1 = b1 - ETA * dbias(D1)
```

好啦，我们已经分别实现了正向传播、反向传播和参数更新，接下来只需用它们来实现训练的部分，整个流程就完成了。

还差一点就完成啦！

训练的流程大概是这样的。

1. 正向传播：对训练数据进行正向传播，预测长宽比是高还是低
2. 反向传播：根据预测结果计算每层中与正确答案标签之间的误差（德尔塔）
3. 参数更新：基于计算的误差（德尔塔）求偏微分，更新参数

我们已经为正向传播、反向传播和参数更新分别创建了名为 forward、backward 和 update_parameters 的函数，使用这些函数就好了吧？

是的。绫乃，你试着写一下按照这个顺序来调用它们，以进行训练的代码吧。训练所需的所有信息都应在返回值中返回。

好的，所有的函数都已经整合起来了，只要调用它们就行了。

■ 在 Python 交互式环境中执行（示例代码 5-13）

```
>>> # 训练
>>> def train(X, Y):
...     # 正向传播
...     Z1, X1, Z2, X2, Z3, X3 = forward(X)
...     # 反向传播
...     D3, D2, D1 = backward(Y, Z3, Z2, Z1)
...     # 参数的更新（神经网络的训练）
...     update_parameters(D3, X2, D2, X1, D1, X)
```

后面将反复调用 train 方法来优化参数。在机器学习的语境下，这种重复的次数通常被称为轮数，英语是 epoch，这个概念你最好记住。

哦，轮数……那轮数设为多大合适呢？

这个轮数没有"只要重复这个次数就可以了"的最佳实践值，它和学习率一样，都是需要反复尝试，根据误差的情况来确定的。

原来如此，需要自行决定的事项好多呀……

这次的训练数据很少，所以多次重复也没关系。

要很多次吗？我不知道多少合适，先随意把轮数设为一个大点的数字吧。

■ 在 Python 交互式环境中执行（示例代码 5-14）

```
>>> # 重复次数
>>> EPOCH = 30000
```

因为要重复调用这么多次 train 方法，所以干脆使用循环好了。

训练需要一定的时间，所以最好创建一种能够跟踪训练进展的指标。

啊，的确……我们要知道重复更新参数的过程中，训练是否真的在正常地进行。

这次我们简单地实现目标函数 $E(\boldsymbol{\Theta})$，看看误差的值。

$$E(\boldsymbol{\Theta}) = \frac{1}{2} \sum_{k=1}^{n} (y_k - f(\boldsymbol{x}_k))^2 \tag{5.25}$$

（取自表达式 3.17）

这次也直接按照数学表达式来实现就行了吧？

■ 在 Python 交互式环境中执行（示例代码 5-15）

```
>>> # 预测
>>> def predict(X):
...     return forward(X)[-1]
...
>>> # 目标函数
>>> def E(Y, X):
...     return 0.5 * ((Y - predict(X)) ** 2).sum()
```

很好，这样我们就做好了训练的所有准备。

5.2.5 小批量

在实际训练时，我们可以先把训练数据分割为小的单元再进行训练，这些小的单元就叫作**小批量**。

分割训练数据？

随机选择一定数量的数据，并重复训练过程，可以更容易地收敛到最优解。还记得表达式 5.21 吗？那个表达式使用了所有的数据来更新参数。

嗯。它求了从 $k = 0$ 到 $k = 999$ 的数据之和。准备的 TX 有 1000 个数据，这就意味着求的是 1000 个数据之和吧。

与之相比，如果把训练数据分割为小批量，比如每次使用 100 个训练数据来更新参数，那么将会重复 10 次这样的过程，才能完成训练。我们可以把表达式 5.26 中的 K_i 看作一组通过 100 个随机索引选出来的没有重复的数据集合。

$$w_{ij}^{(l)} := w_{ij}^{(l)} - \eta \sum_{k \in \boldsymbol{K}_1} \delta_{(k,i)}^{(l)} x_{(k,j)}^{(l-1)} \quad (\boldsymbol{K}_1 = \{966, 166, 9, \cdots, 390\})$$

$$w_{ij}^{(l)} := w_{ij}^{(l)} - \eta \sum_{k \in \boldsymbol{K}_2} \delta_{(k,i)}^{(l)} x_{(k,j)}^{(l-1)} \quad (\boldsymbol{K}_2 = \{895, 3, 486, \cdots, 538\})$$

$$\vdots$$

$$w_{ij}^{(l)} := w_{ij}^{(l)} - \eta \sum_{k \in \boldsymbol{K}_{10}} \delta_{(k,i)}^{(l)} x_{(k,j)}^{(l-1)} \quad (\boldsymbol{K}_{10} = \{15, 43, 791, \cdots, 218\})$$

$$(5.26)$$

 然后，重复这一组 10 次的更新过程。这种做法叫作**随机梯度下降法**或**小批量梯度下降法**，是一种非常流行的技术。

 那是不是意味着，代码中存在着由小批量循环和轮数的循环构成的二重循环呢？

 是的。内侧是以小批量的方式更新参数的循环，外侧是重复轮数次的循环。

 我知道啦。下面是我的实现代码，代码会在运行过程中显示日志。

■ 在 Python 交互式环境中执行（示例代码 5-16）

```
>>> import math
>>>
>>> # 小批量的大小
>>> BATCH = 100
>>>
>>> for epoch in range(1, EPOCH + 1):
...     # 获得用于小批量训练的随机索引
...     p = np.random.permutation(len(TX))
...     # 取出数量为小批量大小的数据并训练
...     for i in range(math.ceil(len(TX) / BATCH)):
...         indice = p[i*BATCH:(i+1)*BATCH]
...         X0 = TX[indice]
...         Y = TY[indice]
...         train(X0, Y)
```

```
...        # 输出日志
...        if epoch % 1000 == 0:
...            log = ' 误差 = {:8.4f} （第 {:5d} 轮）'
...            print(log.format(E(TY, TX), epoch))
```

------------- 运行中 -------------

 运行花了一点时间，输出的日志是这样的。

误差 =	69.7705 （第 1000 轮）
误差 =	55.0522 （第 2000 轮）
误差 =	44.4299 （第 3000 轮）
	:
	（省略）
	:
误差 =	3.2566 （第 29000 轮）
误差 =	3.1936 （第 30000 轮）

 可以看出每一轮的误差都在减少，这说明训练进展得很顺利。

 我写的神经网络似乎在正常工作，好开心呀！

 要不传给它长方形大小的数据，让它来判断是否为细长的？不要忘记在判断时将传给它的数据标准化哦。

 我来试试看！

■ 在 Python 交互式环境中执行（示例代码 5-17）

```
>>> testX = standardize([
...    [100, 100], # 正方形，应该不是细长的
...    [100, 10], # 应该是细长的
...    [10, 100], # 这个应该也是细长的
...    [80, 100]  # 这个应该不是细长的
>>> ])
>>>
>>> predict(testX)
array([[0.00097628],
       [0.82436398],
       [0.94022858],
       [0.00173001]])
```

呀，怎么回事儿？

这是输出层的 sigmoid 函数输出的结果，所以值在 0 和 1 之间，我们可以把值看作概率（表 5-3）。

宽	高	神经网络输出的结果	细长的概率
100	100	0.000 976 28	约 0.09%
100	10	0.824 363 98	约 82.43%
10	100	0.940 228 58	约 94.02%
80	100	0.001 730 01	约 0.17%

表 5-3

哦，原来返回的是概率啊。

保留概率值也没关系，我们可以定义一个函数，根据适当的阈值返回 0 或 1。

我试试看。

■ 在 Python 交互式环境中执行（示例代码 5-18）

```
>>> # 分类器
>>> def classify(X):
...     return (predict(X) > 0.8).astype(np.int)
...
>>> classify(testX)
array([[0],
       [1],
       [1],
       [0]])
```

 太好啦！看上去正常工作了！

 让我们再随机生成一些没有用于训练的测试数据，看看输出的精度如何。

 再次生成随机数据并传给 classify 函数吗？

■ 在 Python 交互式环境中执行（示例代码 5-19）

```
>>> # 生成测试数据
>>> TEST_N = 1000
>>> testX = (np.random.rand(TEST_N, 2) * 1000).astype(np.int32) + 1
>>> testY = (testX.min(axis=1) / testX.max(axis=1) <= 0.2).astype(np.int)[np.newaxis].T
>>>
>>> # 计算精度
>>> accuracy = (classify(standardize(testX)) == testY).sum() / TEST_N
>>> print('精度：{}%'.format(accuracy * 100))
精度：98.4%
```

注：前面出现的代码都汇总在源代码包的 nn.py 文件中，大家可下载查看。

98.4%!

看起来绫乃已经成功实现了一个神经网络呢。你有什么感想？

在理解神经网络的数学表达式方面，我感觉有些难，但当我实际实现这些表达式，并且看到它们成功运行的时候，我觉得好激动！

是啊。其实我一开始也有和你一样的感觉，但在亲自实现了之后，我觉得我的理解比只看数学表达式的时候更深了。

对对，理解也加深了，而且太有趣啦！

那就太好了。

5.3 | 手写数字的图像识别与卷积神经网络

我想一鼓作气，亲自去实现卷积神经网络。

那就借着这个机会试一试吧。

既然用的是卷积神经网络，那就得处理图像了。

有什么想尝试的吗？

我想用从我运营的网站上收集来的时尚图像做点什么。问题是，可以做什么呢？

 我不知道你有没有和那些图像一起收集了什么数据。那些图像**标注**过吗？

 什么是标注？

 在机器学习的语境下，标注是指对收集的数据赋予有用的信息和标签，以使它们可作为训练数据使用。

 没有，我从来没想过标注的事情……

 那要一下子想出点子来可不容易。

 先不考虑你的时尚图像，卷积神经网络的教程中经常出现的是以手写数字的图像作为输入，预测实际写的是什么数字的问题。

 莫非要用到一个叫 MNIST 的数据集？

 没错，就是这个数据集！它包含 60 000 个训练数据和 10 000 个测试数据，其中就有手写的数字图像和相应的正确答案标签。也就是说，那里全部是已经标注的数据。

 哇，已经收集了那么多的数据了啊……

 机器学习中最难的部分其实就是收集数据，这样的数据集是非常宝贵的。

 啊，如果要做机器学习的应用，必须得从收集数据开始考虑。

不管怎么说，我觉得手写数字的识别问题非常适合用于理解卷积神经网络，是很好的练习。

 嗯，那我就试试这个！

5.3.1 准备数据集

 首先，你要下载 MNIST 数据集。

 从哪里可以下载呢？

 从网站 * 上就可以下载哦。

文件名	内容
train-images-idx3-ubyte.gz	手写数字图像（训练数据用）
train-labels-idx1-ubyte.gz	正确答案标签（训练数据用）
t10k-images-idx3-ubyte.gz	手写数字图像（测试数据用）
t10k-labels-idx1-ubyte.gz	正确答案标签（测试数据用）

表 5-4

 那我就写一段"如果本地没有文件，就下载它"的代码吧。

■ 在 Python 交互式环境中执行（示例代码 5-20）

```
>>> import os.path
>>> import urllib.request
>>>
>>> # 下载 MNIST 数据集
```

```
>>> def download_mnist_dataset(url):
...     filename = './' + os.path.basename(url)
...     if os.path.isfile(filename):
...         return
...     buf = urllib.request.urlopen(url).read()
...     with open(filename, mode='wb') as f:
...         f.write(buf)
...
>>> BASE_URL = 'http://yann.lecun.com/exdb/mnist/'
>>> filenames = [
...     'train-images-idx3-ubyte.gz',
...     'train-labels-idx1-ubyte.gz',
...     't10k-images-idx3-ubyte.gz',
...     't10k-labels-idx1-ubyte.gz'
>>> ]
>>> [download_mnist_dataset(BASE_URL + filename) for filename in
filenames]
```

嗯，好像下载好了。

下载的文件是以 gz 格式压缩的，解压后的文件内容也是二进制的，手写数字图像文件和正确答案标签的格式是这样的（表 5-5 和表 5-6）。

偏移量	类型	值	备注
0000	32bit integer	0×00000801（2049）	标识符
0004	32bit integer	60000	标签数
0008	unsigned byte	0 和 9 之间	第 1 张图像的正确答案标签
0009	unsigned byte	0 和 9 之间	第 2 张图像的正确答案标签
0010	unsigned byte	0 和 9 之间	第 3 张图像的正确答案标签

表 5-5　正确答案标签文件的格式

偏移量	类型	值	备注
0000	32 bit integer	0 × 00000803（2051）	标识符
0004	32 bit integer	60000	标签数
0008	32 bit integer	28	图像的高
0012	32 bit integer	28	图像的宽
0016	unsigned byte	0 和 255 之间	第 1 张图像的 第 1 个像素
0017	unsigned byte	0 和 255 之间	第 1 张图像的 第 2 个像素
0018	unsigned byte	0 和 255 之间	第 1 张图像的 第 3 个像素

表 5-6　手写数字图像文件的格式

 标签 0 ～ 9 代表数字本身，而像素 0 ～ 255 代表灰度值，其中 0 为白色，255 为黑色。

 是不是开头的几个字节只有头部信息，其余的数据都是连在一起的？

 是的。以目前的处理来说，正确答案标签文件的前 8 个字节，以及手写数字图像文件的前 16 个字节，都是可以跳过的。

 我明白了。由于这是练习，所以不需要进行错误处理，用 numpy 应该可以很容易地读取数据。

■ 在 Python 交互式环境中执行（示例代码 5-21）

```
>>> import numpy as np
>>> import gzip
>>>
>>> # 读取 MNIST 数据集
>>> def load_file(filename, offset):
...     with gzip.open('./' + filename + '.gz', 'rb') as f:
...         return np.frombuffer(f.read(), np.uint8, offset=offset)
...
>>> # 读取训练数据
>>> TX = load_file('train-images-idx3-ubyte', offset=16)
>>> TY = load_file('train-labels-idx1-ubyte', offset=8)
```

在目前的状态下，图像和标签都是简单的 1 维数组，非常难以处理，所以最好整理一下数据的形式。

嗯，的确如此。

首先，把图像数据分为 4 个维度：索引、通道、高和宽。大概是这个样子的（表 5-7）。

索引	通道	高	宽	值
0	0	0	0	第 1 张图像中第 1 个通道的 (0, 0) 位置的像素
			...	...
			27	第 1 张图像中第 1 个通道的 (0, 27) 位置的像素
		...		...
		27	0	第 1 张图像中第 1 个通道的 (27, 0) 位置的像素
			...	...
			27	第 1 张图像中第 1 个通道的 (27, 27) 位置的像素
1	0	0	0	第 2 张图像中第 1 个通道的 (0, 0) 位置的像素
			...	...
			27	第 2 张图像中第 1 个通道的 (0, 27) 位置的像素
		...		...
		27	0	第 2 张图像中第 1 个通道的 (27,0) 位置的像素
			...	...
			27	第 2 张图像中第 1 个通道的 (27,27) 位置的像素
...				

表 5-7　手写数字图像文件的格式

我们还需要通道的维度吗？图像是灰度的，不是只有 1 个维度吗？

后面我打算把所有的卷积神经网络的输入，如图像或特征图等，都统一为 4 维的。这样会更容易理解，不是吗？

确实，特征图和输入图像在卷积层的输入上的意义是一样的，所以能统一处理更好。

另外，现在的像素值是 0 和 255 之间的整数，如果把值除以 255，让它落在 0 和 1 之间，训练会收敛得更快。

好的，那我把维度分成 4 个，然后除以 255。

■ 在 Python 交互式环境中执行（示例代码 5-22）

```
>>> def convertX(X):
...     return X.reshape(-1, 1, 28, 28).astype(np.float32) / 255.0
...
>>> TX = convertX(TX)
```

下面对正确答案标签进行变形。解决手写数字图像的识别问题，也就是把图像分类为 0 ~ 9 的分类问题。

哦，我明白了。解决分类问题意味着卷积神经网络的输出是 10 维的向量，所以标签也应该是同样的形状？

是的。请把它变形为向量，其中只有正确答案的位置的数值为 1。这种形式的向量叫作 one-hot 向量或用 1-of-K 表示，最好记住这两个说法哦。

$$y_i^{\mathrm{T}} = \begin{bmatrix} 1 & 0 & 0 & 0 & 0 & 0 & 0 & 0 & 0 & 0 \end{bmatrix} \quad \cdots\cdots\; 0 \text{ 是正确答案的情况}$$

$$y_i^{\mathrm{T}} = \begin{bmatrix} 0 & 1 & 0 & 0 & 0 & 0 & 0 & 0 & 0 & 0 \end{bmatrix} \quad \cdots\cdots\; 1 \text{ 是正确答案的情况}$$

$$\vdots$$

$$y_i^{\mathrm{T}} = \begin{bmatrix} 0 & 0 & 0 & 0 & 0 & 0 & 0 & 0 & 0 & 1 \end{bmatrix} \quad \cdots\cdots\; 9 \text{ 是正确答案的情况}$$

$$(5.27)$$

从 10 × 10 的单位矩阵中提取出正确答案数字的索引行就好啦！

■ 在 Python 交互式环境中执行（示例代码 5-23）

```
>>> def convertY(Y):
...     return np.eye(10)[Y]
...
>>> TY = convertY(TY)
```

 这样就完成数据的准备了。

 不过，实际的图像是什么样的呢？虽然数据是二进制的，所以不能直接预览，但我还是想找几张图片看看。

 是哦，你还没见过图片呢，那就看看吧。使用 matplotlib 中的 imshow 就能查看图像了（图 5-2）。

■ 在 Python 交互式环境中执行（示例代码 5-24）

```
>>> import matplotlib.pyplot as plt
>>>
>>> # 图像展示
>>> def show_images(X):
...     COLUMN = 5
...     ROW = (len(X) - 1) // COLUMN + 1
...     fig = plt.figure()
...     for i in range(len(X)):
...         sub = fig.add_subplot(ROW, COLUMN, i + 1)
...         sub.axis('off')
...         sub.set_title('X[{}]'.format(i))
...         plt.imshow(X[i][0], cmap='gray')
...     plt.show()
...
>>> # 展示前 10 张
>>> show_images(TX[0:10])
```

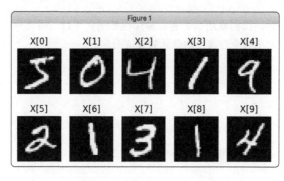

図 5-2

 哦，原来是这样的图像啊，像是手写的。

 接下来，我们要去训练网络，使其识别出这些图像实际上是哪些数字。大概知道怎么做了吗？

 嗯，知道！

5.3.2 | 神经网络的结构

 就像我们创建判断长宽比的神经网络时一样，接下来我们要思考网络的结构了。

 这次要自行决定什么来着？过滤器和池化层的大小，还有层数、全连接层的单元数之类的？哇，超参数好多啊……

 我其实想说，你自己根据自己的喜好定就行了，但是这样说，恐怕你还是不知道怎么做。

 对了，之前你教我卷积神经网络的时候用过一个网络，就用和它一样的网络怎么样？

好啊，我们就用那个卷积神经网络吧。不过，得调整一下过滤器的大小和全连接层的单元数量（图 5-3）。

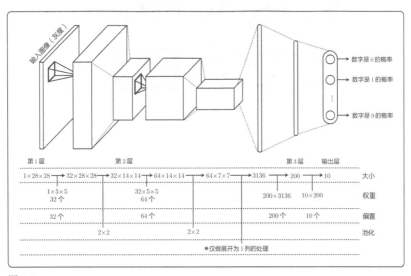

图 5-3

好的，网络的结构已经确定了，下面要准备权重和偏置了。

从图 5-3 中可以看到所需要的参数，根据每个参数的形状准备具有这种维度的数据吧（表 5-8）。

卷积层	过滤器权重	4 维	过滤器数 × 通道数 × 高 × 宽
	偏置	1 维	过滤器数
全连接层	权重矩阵	2 维	下一层的单元数 × 上一层的单元数
	偏置	1 维	下一层的单元数

表 5-8

这次也随便用些随机数来初始化数据，可以吗？

这次不了，与一开始实现的简单的全连接神经网络相比，这个卷积神经网络更复杂一些，所以我想在权重的初始化上下点功夫。

什么意思，不用随机数初始化了吗？

倒是可以用遵循正态分布的随机数，不过我们需要指定方差（表5-9）。

卷积层	过滤器权重	初始化为遵循平均值为 0、方差为 $\dfrac{2}{\text{通道数} \times \text{高} \times \text{宽}}$ 的正态分布的值
	偏置	全部初始化为 0
全连接层	权重矩阵	初始化为遵循平均值为 0、方差为 $\dfrac{2}{\text{上一层的单元数}}$ 的正态分布的值
	偏置	全部初始化为 0

表 5-9

考虑到这次实现的是卷积神经网络，并且计划使用 ReLU 作为激活函数，所以我选择了这种初始化方法。

完全没搞懂为什么要指定方差，不过，只要用这样的值初始化就好了吧？

当从头开始实现复杂的神经网络时，权重的初始化其实是一个相当重要的问题。如果初始化有误，可能会导致网络不会收敛甚至发散。

我明白了。初始化这部分虽然看上去怎么做都无所谓，但其实是必须认真考虑的部分。

我选择的是何恺明等人在他们的论文中提出的方法 *，不过，还有其他的初始化方法。这些方法都有适合和不适合的场景，需要小心选择。

* 详见 "Delving Deep into Rectifiers: Surpassing Human-Level Performance on ImageNet Classification" 这篇论文。

在生成遵循指定方差的正态分布的随机数时，我们可以利用 numpy 的 randn 函数乘以标准差得到。标准差是表 5-9 中指定的方差的平方根，而 numpy 的 randn 函数可以生成遵循标准正态分布的随机数。

原来是这样。既然我们现在知道了各个参数的形式和初始化的方法，就来准备这些参数吧。

■ 在 Python 交互式环境中执行（示例代码 5-25）

```
>>> import math
>>>
>>> # （为了使训练结果可以复现，固定种子的值。本来是不需要这么做的）
>>> np.random.seed(0)
>>>
>>> W1 = np.random.randn( 32, 1, 5, 5)     * math.sqrt(2 / ( 1 * 5 * 5))
>>> W2 = np.random.randn( 64, 32, 5, 5)    * math.sqrt(2 / (32 * 5 * 5))
>>> W3 = np.random.randn(200, 64 * 7 * 7)  * math.sqrt(2 / (64 * 7 * 7))
>>> W4 = np.random.randn( 10, 200)         * math.sqrt(2 / 200)
>>> b1 = np.zeros(32)
>>> b2 = np.zeros(64)
>>> b3 = np.zeros(200)
>>> b4 = np.zeros(10)
```

好了，虽然准备工作有点长，但接下来咱们就开始实现卷积神经网络吧。

5.3.3 | 正向传播

首先从正向传播的卷积处理开始！就是这个三重求和的表达式……

$$z_{(i,j)}^{(k)} = \sum_{c=1}^{C} \sum_{u=1}^{m} \sum_{v=1}^{m} w_{(c,u,v)}^{(k)} x_{(c,i+u-1,j+v-1)} + b^{(k)} \tag{5.28}$$

假设训练数据有 n 个，对于所有的 (i,j) 位置都有 K 个过滤器，那么就要分别进行 $C \times m \times m$ 次的乘法和加法运算。简单地实现的话，需要 n, i, j, k, c, u, v 这七重循环？

■ 在 Python 交互式环境中执行（示例代码 5-26）

```
>>> for n range(X.shape[0]):
...     for i range(X.shape[2]):
...         for j range(X.shape[3]):
...             for k range(W.shape[0]):
...                 for c range(W.shape[1]):
...                     for u range(W.shape[2]):
...                         for v range(W.shape[3]):
...                             z[n,k,i,j] += w[k,c,v,u] *
x[n,c,i+u,i+v] + b[k]
```

 这个计算量……似乎不可行啊。

 那就考虑也用矩阵的乘法来进行卷积处理吧。

 嗯，我也觉得该用矩阵的乘法了，但是怎么用呢?

 比如，输入是 3 × 5 × 5，过滤器的大小是 3 × 2 × 2，从左上方开始按顺序移动过滤器，取出应该应用过滤器的输入单元，就像图 5-4 这样子。

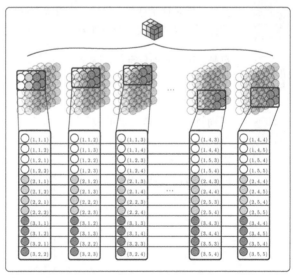

图 5-4

这时候还不做过滤器的计算，只是取出元素吗？

是的，还不进行计算。通过这种方法提取单元，可以得到一个 $12(=3\times2\times2)\times16(=4\times4)$ 的矩阵。

$$
\boldsymbol{X}_{\mathrm{col}}=\begin{bmatrix}
x_{(1,1,1)} & x_{(1,1,2)} & x_{(1,1,3)} & \cdots & x_{(1,4,3)} & x_{(1,4,4)} \\
x_{(1,1,2)} & x_{(1,1,3)} & x_{(1,1,4)} & \cdots & x_{(1,4,4)} & x_{(1,4,5)} \\
\vdots & \vdots & \vdots & & \vdots & \vdots \\
x_{(3,2,1)} & x_{(3,2,2)} & x_{(3,2,3)} & \cdots & x_{(3,5,3)} & x_{(3,5,4)} \\
x_{(3,2,2)} & x_{(3,2,3)} & x_{(3,2,4)} & \cdots & x_{(3,5,4)} & x_{(3,5,5)}
\end{bmatrix} \tag{5.29}
$$

由于这是从图像中取出单元并排列的操作，所以常被称为 **im2col 变换**，为了称呼方便，进行这种变换后得到的矩阵叫作 **col 形式** 的矩阵。

从图像创建列的英语是 image to column，简称就是 im2col，所以称这个操作为 im2col 变换，又因为基于这个操作生成的矩阵是列的集合，所以称它为 col 形式，这样理解对吗？

是的，就是这个意思。然后，使用这个 col 形式的矩阵就能很方便地计算出过滤器权重的矩阵乘积了。

可是，过滤器的权重是 4 维的呀，怎么才能计算 $\boldsymbol{X}_{\mathrm{col}}$ 和 $\boldsymbol{W}$ 的乘积呢？

纵向排列每个过滤器的权重，使之形成矩阵就可以啦。比如，有 3 个 $3\times2\times2$ 的过滤器，我们就可以这样做（图 5-5）。

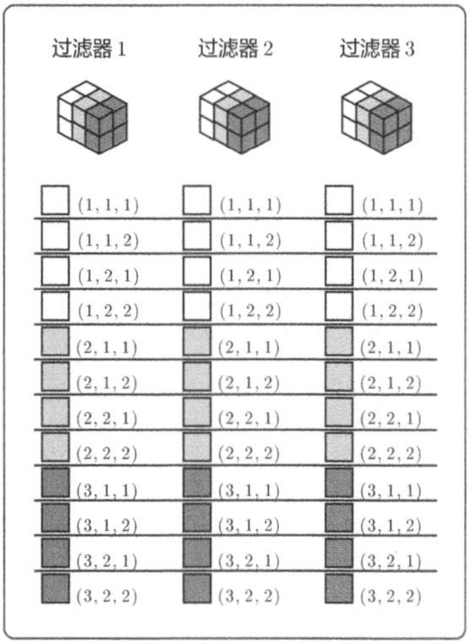

图 5-5

也就是这样的矩阵？

$$
\boldsymbol{W}_{\mathrm{col}} =
\begin{bmatrix}
w^{(1)}_{(1,1,1)} & w^{(2)}_{(1,1,1)} & x^{(3)}_{(1,1,1)} \\
w^{(1)}_{(1,1,2)} & w^{(2)}_{(1,1,2)} & x^{(3)}_{(1,1,2)} \\
\vdots & \vdots & \vdots \\
w^{(1)}_{(3,2,1)} & w^{(2)}_{(3,2,1)} & x^{(3)}_{(3,2,1)} \\
w^{(1)}_{(3,2,2)} & w^{(2)}_{(3,2,2)} & x^{(3)}_{(3,2,2)}
\end{bmatrix}
\tag{5.30}
$$

是的！然后用 $\boldsymbol{X}_{\mathrm{col}}$ 的转置乘以这个过滤器的权重矩阵，再加上偏置。

$$
\boldsymbol{X}^{\mathrm{T}}_{\mathrm{col}}\boldsymbol{W}_{\mathrm{col}} + \boldsymbol{B}
$$

$$
=
\begin{bmatrix}
x_{(1,1,1)} & x_{(1,1,2)} & \cdots & x_{(3,2,1)} & x_{(3,2,2)} \\
x_{(1,1,2)} & x_{(1,1,3)} & \cdots & x_{(3,2,2)} & x_{(3,2,3)} \\
x_{(1,1,3)} & x_{(1,1,4)} & \cdots & x_{(3,2,3)} & x_{(3,2,4)} \\
\vdots & \vdots & & \vdots & \vdots \\
x_{(1,4,3)} & x_{(1,4,4)} & \cdots & x_{(3,5,3)} & x_{(3,5,4)} \\
x_{(1,4,4)} & x_{(1,4,5)} & \cdots & x_{(3,5,4)} & x_{(3,5,5)}
\end{bmatrix}
\begin{bmatrix}
w^{(1)}_{(1,1,1)} & w^{(2)}_{(1,1,1)} & x^{(3)}_{(1,1,1)} \\
w^{(1)}_{(1,1,2)} & w^{(2)}_{(1,1,2)} & x^{(3)}_{(1,1,2)} \\
\vdots & \vdots & \vdots \\
w^{(1)}_{(3,2,1)} & w^{(2)}_{(3,2,1)} & x^{(3)}_{(3,2,1)} \\
w^{(1)}_{(3,2,2)} & w^{(2)}_{(3,2,2)} & x^{(3)}_{(3,2,2)}
\end{bmatrix}
$$

$$
+
\begin{bmatrix}
b_1 & b_2 & b_3 \\
b_1 & b_2 & b_3 \\
b_1 & b_2 & b_3 \\
\vdots & \vdots & \vdots \\
b_1 & b_2 & b_3 \\
b_1 & b_2 & b_3
\end{bmatrix}
\tag{5.31}
$$

计算后最终得到矩阵 $\boldsymbol{Z}$，它的元素是表达式 5.28 的 $z^{(k)}_{(i,j)}$。

$$
\boldsymbol{Z} = \boldsymbol{X}^{\mathrm{T}}_{\mathrm{col}}\boldsymbol{W}_{\mathrm{col}} + \boldsymbol{B}
\tag{5.32}
$$

看起来所有的计算都能搞定，真好啊。

在实际计算的时候，由于有多个训练数据，所以我们可以把 col 形式的矩阵纵向排列，一次性地计算多个数据。

$$
\boldsymbol{X}_{\mathrm{col}}^{\mathrm{T}} = \begin{bmatrix} \boldsymbol{X}_{\mathrm{col},1}^{\mathrm{T}} \\ \boldsymbol{X}_{\mathrm{col},2}^{\mathrm{T}} \\ \boldsymbol{X}_{\mathrm{col},3}^{\mathrm{T}} \\ \vdots \end{bmatrix} = \begin{bmatrix} x_{(1,1,1)} & x_{(1,1,2)} & \cdots & x_{(3,2,1)} & x_{(3,2,2)} \\ x_{(1,1,2)} & x_{(1,1,3)} & \cdots & x_{(3,2,2)} & x_{(3,2,3)} \\ x_{(1,1,3)} & x_{(1,1,4)} & \cdots & x_{(3,2,3)} & x_{(3,2,4)} \\ \vdots & \vdots & & \vdots & \vdots \\ x_{(1,4,3)} & x_{(1,4,4)} & \cdots & x_{(3,5,3)} & x_{(3,5,4)} \\ x_{(1,4,4)} & x_{(1,4,5)} & \cdots & x_{(3,5,4)} & x_{(3,5,5)} \\ x_{(1,1,1)} & x_{(1,1,2)} & \cdots & x_{(3,2,1)} & x_{(3,2,2)} \\ x_{(1,1,2)} & x_{(1,1,3)} & \cdots & x_{(3,2,2)} & x_{(3,2,3)} \\ x_{(1,1,3)} & x_{(1,1,4)} & \cdots & x_{(3,2,3)} & x_{(3,2,4)} \\ \vdots & \vdots & & \vdots & \vdots \\ x_{(1,4,3)} & x_{(1,4,4)} & \cdots & x_{(3,5,3)} & x_{(3,5,4)} \\ x_{(1,4,4)} & x_{(1,4,5)} & \cdots & x_{(3,5,4)} & x_{(3,5,5)} \\ x_{(1,1,1)} & x_{(1,1,2)} & \cdots & x_{(3,2,1)} & x_{(3,2,2)} \\ x_{(1,1,2)} & x_{(1,1,3)} & \cdots & x_{(3,2,2)} & x_{(3,2,3)} \\ x_{(1,1,3)} & x_{(1,1,4)} & \cdots & x_{(3,2,3)} & x_{(3,2,4)} \\ \vdots & \vdots & & \vdots & \vdots \\ x_{(1,4,3)} & x_{(1,4,4)} & \cdots & x_{(3,5,3)} & x_{(3,5,4)} \\ x_{(1,4,4)} & x_{(1,4,5)} & \cdots & x_{(3,5,4)} & x_{(3,5,5)} \\ \vdots & \vdots & & \vdots & \vdots \end{bmatrix} \begin{matrix} \\ \\ \text{图像 1} \\ \\ \\ \\ \\ \\ \text{图像 2} \\ \\ \\ \\ \\ \\ \text{图像 3} \\ \\ \\ \\ \end{matrix}
$$

$$(5.33)$$

这样一来，结果 $\boldsymbol{Z}$ 也将是纵向排列的多个数据的矩阵。

$$
\boldsymbol{Z} = \begin{bmatrix} \boldsymbol{Z}_1 \\ \boldsymbol{Z}_2 \\ \boldsymbol{Z}_3 \\ \vdots \end{bmatrix}
$$

$$(5.34)$$

采用这种方法的话，虽然可以用矩阵的乘法来计算了，但 col 形式的单元有重复的，从内存的使用效率上来说有点浪费呀。

是的。不过，如果综合权衡 im2col 的变换处理和内存的效率，这种方法仍然比示例代码 5-26 中的多重循环要高效得多。

 好吧，以矩阵形式计算的话，总体来说似乎效率更高。而且，我听说 numpy 的矩阵运算是经过优化的，速度很快。

 这是我实现的刚才提到的 im2col 变换的代码。这个 im2col 函数会返回表达式 5.33 形式的转置矩阵，因此可以直接将其用于卷积操作。

■ 在 Python 交互式环境中执行（示例代码 5-27）

```
>>> # 计算卷积后的特征图的大小
>>> def output_size(input_size, filter_size, stride_size=1, padding_
size=0):
...     return (input_size - filter_size + 2 * padding_size) // stride_
size + 1
...
>>> # 从 im 形式变换为 col 形式
>>> # ----------------------
>>> #
>>> # im: 变换前的图像，形式为 "图像数 × 通道数 × 高 × 宽"
>>> # fh: 过滤器的高
>>> # fw: 过滤器的宽
>>> # s: 步进
>>> # p: 填充
>>> #
>>> # 返回值: 形式为 "个数为图像数的特征图的高和宽的大小 × 过滤器的大小" 的矩阵
>>> def im2col(im, fh, fw, s=1, p=0):
...     # 计算卷积后的特征图的大小
...     N, IC, IH, IW = im.shape
...     OH, OW = output_size(IH, fh, s, p), output_size(IW, fw, s, p)
...     # 填充为 0
...     if p > 0:
...         im = np.pad(im, [(0,0), (0,0), (p,p), (p,p)],
mode='constant')
...     # 从 im 形式复制为 col 形式
...     col = np.zeros([N, fh * fw, IC, OH, OW])
...     for h in range(fh):
```

```
...             for w in range(fw):
...                 col[:, h*fw+w] = im[:, :, h:h+(OH*s):s, w:w+(OW*s):s]
...         return col.transpose(0, 3, 4, 2, 1).reshape(N * OH * OW, IC *
fh * fw)
```

 为了使复制的部分更高效，这里使用了一点技巧，所以可能不好理解。绫乃可以看看我画的示意图，复制是这样一次性进行的（图 5-6）。

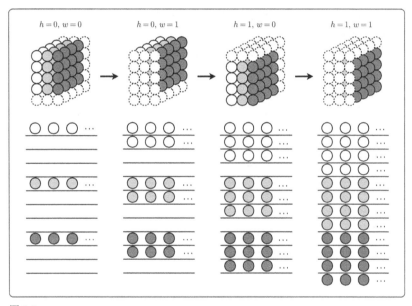

图 5-6

 哇哦，你可太好了！那在变换时使用 im2col 函数，剩下的就是创建一个函数来转换过滤器的权重了。

 权重只要 reshape 一下就可以了。

 啊……是啊，这样就很容易了呀！

虽然通过计算 $X_{\text{col}}^{\text{T}} W_{\text{col}} + B$ 可以求得 Z，但在最后不要忘了把结果恢复为"图像数 × 通道数 × 高 × 宽"哦。

好的，写卷积的实现时，我会注意把它恢复的。

■ 在 Python 交互式环境中执行（示例代码 5-28）

```
>>> # 卷积
>>> def convolve(X, W, b, s=1, p=0):
...     # 计算卷积后的特征图的大小
...     N, IC, IH, IW = X.shape
...     K, KC, FH, FW = W.shape
...     OH, OW = output_size(IH, FH, s, p), output_size(IW, FW, s, p)
...     # 为了能进行矩阵的乘法的计算，对 X 和 W 变形
...     X = im2col(X, FH, FW, s, p)
...     W = W.reshape(K, KC * FH * FW).T
...     # 计算卷积
...     Z = np.dot(X, W) + b
...     # 恢复为"图像数 × 通道数 × 高 × 宽"的排列
...     return Z.reshape(N, OH, OW, K).transpose(0, 3, 1, 2)
```

很好。

卷积后就该应用 ReLU 激活函数了吧?

$$a_{(i,j)}^{(k)} = \max\left(0, z_{(i,j)}^{(k)}\right) \tag{5.35}$$

（取自表达式 4.9）

这就需要实现 ReLU 了。

这个实现看起来很容易。

■ 在 Python 交互式环境中执行（示例代码 5-29）

```
>>> # ReLU 函数
>>> def relu(X):
...     return np.maximum(0, X)
```

 下一个要实现的是池化。

 在池化的处理中，我们也可以用 im2col 函数将数据变换为 col 形式，这样可以更容易地选择最大值。做法是这样的（图 5-7）。

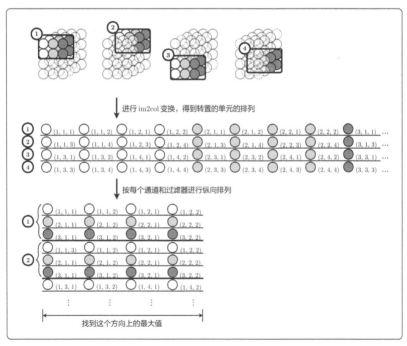

图 5-7

是呢，如果把池化看作应用一个步进为 2 的 2 × 2 过滤器，就可以继续使用在卷积处理中用到的 im2col 变换了。

虽然在操作上有所区别，是选择最大值，而不是选择与权重相乘，但过滤器的工作方式是一样的。

我明白了。

通过池化选择的单元的索引在反向传播时要用到，所以要保存好。另外，池化后的数据应和之前一样，恢复为"图像数 × 通道数 × 高 × 宽"的形式。

好的，那我就按照你教的方法来实现它……好了，这是我写好的代码，它会同时返回索引。

■ 在 Python 交互式环境中执行（示例代码 5-30）

```
>>> # Max Pooling
>>> def max_pooling(X, fh, fw):
...     # 计算卷积后的特征图的大小
...     N, IC, IH, IW = X.shape
...     OH, OW = output_size(IH, fh, fh), output_size(IW, fw, fw)
...     # 为了更容易选择最大值，变更数据的形式
...     X = im2col(X, fh, fw, fh).reshape(N * OH * OW * IC, fh * fw)
...     # 计算最大值及其索引
...     P = X.max(axis=1)
...     PI = X.argmax(axis=1)
...     return P.reshape(N, OH, OW, IC).transpose(0, 3, 1, 2), PI
```

嗯，很好！这样就完成了与卷积处理相关的实现。

剩下的就是把它连接到整个全连接层了吧？

我们使用 softmax 函数作为输出层的激活函数，所以不要忘了它的实现哦。

$$f(x_i) = \frac{\exp(x_i)}{\sum_j \exp(x_j)} \tag{5.36}$$

（取自表达式 4.14）

对哦，我都把 softmax 函数给忘了。

softmax 函数本身很容易实现，但如果 $\exp(x)$ 的 x 是有点大的值，计算很容易出现溢出，所以在实现上需要考虑到这一点。

你说的 $\exp(x)$ 是这个 e^x 的计算吧？的确，指数部分的 x 增加得越大，e^x 本身的数值就越来越大。

是的，所以在进行 softmax 函数的计算之前，从每个向量的元素 x_i 减去 x 的元素的最大值，就能简单地防止溢出。

前面讲过，softmax 函数计算的是比例，所以这个技巧利用了"从整体中加上或减去相同的数字，结果是相同的"这一点。

减去最大值之后再计算 softmax 函数，对吧？那我明白了。

■ 在 Python 交互式环境中执行（示例代码 5-31）

```
>>> # softmax 函数
>>> def softmax(X):
...     # 从各元素减去最大值，以防止溢出
...     N = X.shape[0]
...     X = X - X.max(axis=1).reshape(N, -1)
...     # softmax 函数的计算
...     return np.exp(X) / np.exp(X).sum(axis=1).reshape(N, -1)
```

嗯，看起来卷积神经网络正向传播的实现已经完成了。

那全连接层的部分，就完全沿用我们一开始做的判断长宽比的神经网络中的 forward 处理如何？

好啊。在与全连接层连接之前，我们需要把池化后的特征图展开为 1 列，这也只需用 reshape 改变形状就行了，其余的都一样。

好的！也就是说，实现 2 个卷积层，1 个展开为 1 列的处理，以及 2 个全连接层，最后在应用输出层的 softmax 函数就好了吧？

■ 在 Python 交互式环境中执行（示例代码 5-32）

```
>>> # 正向传播
>>> def forward(X0):
...     # 卷积层 1
...     Z1 = convolve(X0, W1, b1, s=1, p=2)
...     A1 = relu(Z1)
...     X1, PI1 = max_pooling(A1, fh=2, fw=2)
...     # 卷积层 2
...     Z2 = convolve(X1, W2, b2, s=1, p=2)
...     A2 = relu(Z2)
...     X2, PI2 = max_pooling(A2, fh=2, fw=2)
...     # 展开为 1 列
...     N = X2.shape[0]
...     X2 = X2.reshape(N, -1)
...     # 全连接层
...     Z3 = np.dot(X2, W3.T) + b3
...     X3 = relu(Z3)
...     # 输出层
...     Z4 = np.dot(X3, W4.T) + b4
...     X4 = softmax(Z4)
...     return Z1, X1, PI1, Z2, X2, PI2, Z3, X3, X4
```

这样就完成了正向传播的实现啦。

在真正实现卷积神经网络的时候，在效率方面要考虑的东西比全连接的神经网络多多了，这是我在看数学表达式的时候完全没有想到的。

这是因为卷积神经网络是计算量特别大的算法呀。

是啊是啊，为了减少计算量，我们必须把数据变形为能够进行矩阵的乘法的形式。光靠我自己可想不出来。

我也不是一开始就什么都会的，一点点地掌握就好啦。

5.3.4 | 反向传播

下面来实现反向传播吧。

由于需要进行激活函数的微分，所以咱们是不是一开始从 ReLU 函数的微分开始实现更好？

是呢。不过在数学上，ReLU 是不能在 0 的位置上微分的，所以在实践中可以使用这个表达式。

$$\frac{\mathrm{d}f(x)}{\mathrm{d}x} = \begin{cases} 1 & (x > 0) \\ 0 & (x \leqslant 0) \end{cases} \tag{5.37}$$

如果只是按照原样实现这个表达式，倒是不难。

■ 在 Python 交互式环境中执行（示例代码 5-33）

```
>>> # ReLU 的微分
>>> def drelu(x):
...     return np.where(x > 0, 1, 0)
```

嗯，这样就行了。

德尔塔是不是要从后面的层开始依次实现？

是的，从最后面的全连接输出层开始。这个表达式很简单吧？

$$\delta_i^{(4)} = -t_i + y_i \tag{5.38}$$

（取自表达式 4.34）

嗯，这个也不难。

■ 在 Python 交互式环境中执行（示例代码 5-34）

```
>>> # 输出层的德尔塔
>>> def delta_output(T, Y):
...     return -T + Y
```

接下来，是实现隐藏层的德尔塔。我们需要考虑全连接层的隐藏层的德尔塔，以及与全连接层连接的卷积层的德尔塔，这两层的德尔塔的计算式是这样的。

$$\delta_i^{(3)} = a'^{(3)}\left(z_i^{(3)}\right)\sum_{q=1}^{10}\delta_q^{(4)}w_{qi}^{(4)} \quad \cdots\cdots 隐藏层$$

$$\delta_{(i,j)}^{(k,2)} = a'^{(2)}\left(z_{(i,j)}^{(k,2)}\right)\sum_{q=1}^{200}\delta_q^{(3)}w_{(q,k,i,j)}^{(3)} \quad \cdots\cdots 与全连接层连接的卷积层 \tag{5.39}$$

（取自表达式 4.57）

由于下标的存在，表达式虽然表现为两个，但在实现的时候却不需要一分为二，可以用同样的方法计算，所以我们把它们放在一起吧。

哦，是这样吗？

对于从卷积层连接全连接层的部分，我们已经把"图像数 × 通道数 × 高 × 宽"形式的特征图展开为 1 列了，这也就意味着重新分配了上下标。

哦，我懂了！这时候，k、i、j 这几个下标实际上已经被重新分配了 $p_n^{(3)}$ 这样的连续编号，最终就与全连接的隐藏层的上下标是一个形式了，对吧？

是的。权重也是一样的，所以尽管第 3 层的权重表示为 $w_{(q,k,i,j)}$，但实际在内存中，我们以 $w_{(q,n)}$ 这种下标形式来访问它更好（图 5-8）。

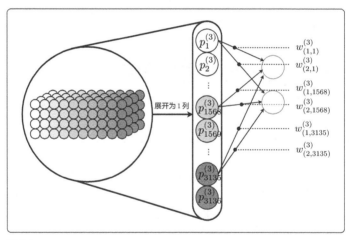

图 5-8

原来不能只看上下标的形式，还得思考它们的含义啊。

是呀，所以 1 个实现就可以了。

这样看来，我可以继续使用之前实现的判断长宽比的神经网络的代码了。

不过，在卷积神经网络中使用的激活函数是 ReLU 函数，而不是 sigmoid 函数，记得把这里改一下哦。

好的，只要把示例代码 5-9 中的 dsigmoid 改为 drelu 就可以了。

■ 在 Python 交互式环境中执行（示例代码 5-35）

```
>>> # 隐藏层的德尔塔
>>> def delta_hidden(Z, D, W):
...     return drelu(Z) * np.dot(D, W)
```

最后，是与卷积层连接的卷积层的德尔塔。

$$
\delta_{(i,j)}^{(k,1)} = a'^{(1)}\left(z_{(i,j)}^{(k,1)}\right)\sum_{a=1}^{64}\sum_{r=1}^{5}\sum_{s=1}^{5}\delta_{(p_i-r+1,p_j-s+1)}^{(q,2)}w_{(k,r,s)}^{(q,2)}
\tag{5.40}
$$

（取自表达式 4.57）

三重求和又出现了……这次也可以用矩阵来计算吧？

当然可以。它也是可以用矩阵的乘法一下子算出来的，虽然需要用点技巧。

表达式 5.28 也是三重求和，当时是用 im2col 变换计算的。这次也是把什么用 im2col 变换后再计算吗？

可惜，这次绫乃说错了呢。这次我们要做的是 im2col 变换的逆操作，把 col 形式的数据恢复为 im 形式，也就是所谓的 **col2im 变换**操作。

哦？逆操作……

首先，把第 2 层的德尔塔和过滤器的权重变换为适当的形式，然后将这些矩阵相乘，得到这样的矩阵。

$$
\begin{bmatrix}
\delta^{(1,2)}_{(1,1)} & \delta^{(2,2)}_{(1,1)} & \cdots & \delta^{(63,2)}_{(1,1)} & \delta^{(64,2)}_{(1,1)} \\
\delta^{(1,2)}_{(1,2)} & \delta^{(2,2)}_{(1,2)} & \cdots & \delta^{(63,2)}_{(1,2)} & \delta^{(64,2)}_{(1,2)} \\
\delta^{(1,2)}_{(1,3)} & \delta^{(2,2)}_{(1,3)} & \cdots & \delta^{(63,2)}_{(1,3)} & \delta^{(64,2)}_{(1,3)} \\
\vdots & \vdots & & \vdots & \vdots \\
\delta^{(1,2)}_{(14,13)} & \delta^{(2,2)}_{(14,13)} & \cdots & \delta^{(63,2)}_{(14,13)} & \delta^{(64,2)}_{(14,13)} \\
\delta^{(1,2)}_{(14,14)} & \delta^{(2,2)}_{(14,14)} & \cdots & \delta^{(63,2)}_{(14,14)} & \delta^{(64,2)}_{(14,14)}
\end{bmatrix}
\begin{bmatrix}
w^{(1,2)}_{(1,1,1)} & w^{(1,2)}_{(1,1,2)} & \cdots & w^{(1,2)}_{(32,5,4)} & w^{(1,2)}_{(32,5,5)} \\
w^{(2,2)}_{(1,1,1)} & w^{(2,2)}_{(1,1,2)} & \cdots & w^{(2,2)}_{(32,5,4)} & w^{(2,2)}_{(32,5,5)} \\
\vdots & \vdots & & \vdots & \vdots \\
w^{(63,2)}_{(1,1,1)} & w^{(63,2)}_{(1,1,2)} & \cdots & w^{(63,2)}_{(32,5,4)} & w^{(63,2)}_{(32,5,5)} \\
w^{(64,2)}_{(1,1,1)} & w^{(64,2)}_{(1,1,2)} & \cdots & w^{(64,2)}_{(32,5,4)} & w^{(64,2)}_{(32,5,5)}
\end{bmatrix}
$$

$$
=
\begin{bmatrix}
\sum\limits_{q=1}^{64}\delta^{(q,2)}_{(1,1)}w^{(q,2)}_{(1,1,1)} & \sum\limits_{q=1}^{64}\delta^{(q,2)}_{(1,1)}w^{(q,2)}_{(1,1,2)} & \cdots & \sum\limits_{q=1}^{64}\delta^{(q,2)}_{(1,1)}w^{(q,2)}_{(32,5,4)} & \sum\limits_{q=1}^{64}\delta^{(q,2)}_{(1,1)}w^{(q,2)}_{(32,5,5)} \\
\sum\limits_{q=1}^{64}\delta^{(q,2)}_{(1,2)}w^{(q,2)}_{(1,1,1)} & \sum\limits_{q=1}^{64}\delta^{(q,2)}_{(1,2)}w^{(q,2)}_{(1,1,2)} & \cdots & \sum\limits_{q=1}^{64}\delta^{(q,2)}_{(1,2)}w^{(q,2)}_{(32,5,4)} & \sum\limits_{q=1}^{64}\delta^{(q,2)}_{(1,2)}w^{(q,2)}_{(32,5,5)} \\
\vdots & \vdots & & \vdots & \vdots \\
\sum\limits_{q=1}^{64}\delta^{(q,2)}_{(14,13)}w^{(q,2)}_{(1,1,1)} & \sum\limits_{q=1}^{64}\delta^{(q,2)}_{(14,13)}w^{(q,2)}_{(1,1,2)} & \cdots & \sum\limits_{q=1}^{64}\delta^{(q,2)}_{(14,13)}w^{(q,2)}_{(32,5,4)} & \sum\limits_{q=1}^{64}\delta^{(q,2)}_{(14,13)}w^{(q,2)}_{(32,5,5)} \\
\sum\limits_{q=1}^{64}\delta^{(q,2)}_{(14,14)}w^{(q,2)}_{(1,1,1)} & \sum\limits_{q=1}^{64}\delta^{(q,2)}_{(14,14)}w^{(q,2)}_{(1,1,2)} & \cdots & \sum\limits_{q=1}^{64}\delta^{(q,2)}_{(14,14)}w^{(q,2)}_{(32,5,4)} & \sum\limits_{q=1}^{64}\delta^{(q,2)}_{(14,14)}w^{(q,2)}_{(32,5,5)}
\end{bmatrix}
$$

$$(5.41)$$

嗯……看起来只是去掉了表达式 5.40 的最外层的求和符号。

这里可能有点不容易看出来，其实这个矩阵与 im2col 函数的输出具有相同的形式。

是吗？im2col 函数输出的矩阵是啥形式来着？

在我写的示例代码 5-27 中，im2col 函数的返回值是 reshape 后的 N * OH * OW×IC * fh * fw 形式的。

简而言之，纵向的元素数量等于特征图的大小，而横向的元素数量等于过滤器的大小。

嗯……我知道了！仔细一看，表达式 5.41 的最后一个矩阵好像就是这个形式的。

下面是我实现的将 col 形式的矩阵恢复为 im 形式的 col2im 函数的代码。

■ 在 Python 交互式环境中执行（示例代码 5-36）

```
>>> # 从 col 形式变换为 im 形式
>>> # ----------------------
>>> #
>>> # col: col 形式的数据
>>> # im_shape: 指定恢复为 im 形式时的 "图像数 × 通道数 × 高 × 宽" 的大小
>>> # fh: 过滤器的高
>>> # fw: 过滤器的宽
>>> # s: 步进
>>> # p: 填充
>>> #
>>> # 返回值: 指定的大小为 im_shape 的矩阵
>>> def col2im(col, im_shape, fh, fw, s=1, p=0):
...     # 卷积后的特征图的纵向和横向的大小
...     N, IC, IH, IW = im_shape
...     OH, OW = output_size(IH, fh, s, p), output_size(IW, fw, s, p)
...     # 为 im 形式分配内存，这是包含步进和填充的情况
...     im = np.zeros([N, IC, IH + 2 * p + s - 1, IW + 2 * p + s - 1])
...     # 从 col 形式恢复为 im 形式。重复的元素相加
...     col = col.reshape(N, OH, OW, IC, fh * fw).transpose(0, 4, 3, 1, 2)
...     for h in range(fh):
...         for w in range(fw):
...             im[:, :, h:h+(OH*s):s, w:w+(OW*s):s] += col[:, h*fw+w]
...     # 由于不需要填充的部分，所以先去除再返回
...     return im[:, :, p:IH+p, p:IW+p]
```

这段代码基本上只是做了 im2col 函数的逆操作，我们可以把它的复制过程和复制方法看作图 5-4 和图 5-6 的逆向操作。

那我就直接用这段代码来进行恢复为 im 形式的处理啦。在恢复为 im 形式之后，还要做什么呢？

这样就完事了哦。使用 col2im 将 col 形式的表达式 5.41 恢复为 im 形式之后，其中的每个元素就是表达式 5.40 的三重求和的部分。

哦，这样啊。那为了计算表达式 5.40，首先计算表达式 5.41，然后将结果传给 col2im 函数，就好了吧？

是的。别忘了将 col2im 函数的结果乘以 ReLU 函数的微分哦。

不好意思，完全忘记了……谢谢提醒。

■ 在 Python 交互式环境中执行（示例代码 5-37）

```
>>> # 卷积层的德尔塔
>>> def delta_conv(P, D, W, s, p):
...     N, DC, DH, DW = D.shape
...     K, KC, FH, FW = W.shape
...     # 适当地将矩阵变形为 col 形式
...     D = D.transpose(0, 2, 3, 1).reshape(N * DH * DW, DC)
...     W = W.reshape(K, KC * FH * FW)
...     col_D = np.dot(D, W)
...     # 将 col 形式恢复为 im 形式，计算德尔塔
...     return drelu(P) * col2im(col_D, P.shape, FH, FW, s, p)
```

嗯，这样实现应该没问题。现在所有层的德尔塔就都可以计算了。

剩下的就是基于前面实现的德尔塔的函数，创建从输出层开始依次计算，进行反向传播的 backward 函数了。

对了，先等一下。在实现整体的反向传播之前，让我们先实现池化的反向传播吧。

哦，没有通过池化的单元的德尔塔是不是要全部赋 0？

是的。池化处理的反向传播不需要任何具体的德尔塔计算，只需在池化处理的过程中消失的单元的位置填上 0 即可。

原来是为了这个处理，我们才在进行池化计算时保存了所选择的索引呀。

没错。至于恢复的方法，就是逆向进行图 5-7 所示的处理。

• 按过滤器的高 × 宽纵向排列单元，并填充为 0
• 在池化选择的索引的位置放回德尔塔
• 进行 col2im 变换，恢复为 im 形式

按照这个流程进行处理，就能实现池化的反向传播，也就是把消失的单元恢复为填充为 0 的状态。

明白！那我就去实现啦。

■ 在 Python 交互式环境中执行（示例代码 5-38）

```
>>> # 最大池化的反向传播
>>> def backward_max_pooling(im_shape, PI, D, f, s):
...     # 按过滤器的高 × 宽纵向排列单元，并填充为 0
...     N, C, H, W = im_shape
...     col_D = np.zeros(N * C * H * W).reshape(-1, f * f)
...     # 在池化选择的索引的位置放回德尔塔
...     col_D[np.arange(PI.size), PI] = D.flatten()
...     # 进行 col2im 变换，恢复为 im 形式
...     return col2im(col_D, im_shape, f, f, s)
```

已经没有其他要实现的处理了吧？那我就试着写一下反向传播的代码了。

可以。按照这个顺序进行反向传播吧：输出层、全连接层、全连接层、池化层、卷积层、池化层。

按顺序调用已经创建的函数就行啦。

■ 在 Python 交互式环境中执行（示例代码 5-39）

```
>>> # 反向传播
>>> def backward(Y, X4, Z3, X2, PI2, Z2, X1, PI1, Z1):
...     D4 = delta_output(Y, X4)
...     D3 = delta_hidden(Z3, D4, W4)
...     D2 = delta_hidden(X2, D3, W3)
...     D2 = backward_max_pooling(Z2.shape, PI2, D2, f=2, s=2)
...     D1 = delta_conv(X1, D2, W2, s=1, p=2)
...     D1 = backward_max_pooling(Z1.shape, PI1, D1, f=2, s=2)
...     return D4, D3, D2, D1
```

这样就完成了整个卷积神经网络的实现。

好漫长啊……剩下的就是参数的更新和训练的部分了吧？

5.3.4 训练

卷积神经网络也可以分成小批量来进行参数更新，让我们根据这些表达式来实现吧。

$$w_{ij}^{(l)} := w_{ij}^{(l)} - \eta \sum_K \delta_i^{(l)} x_j^{(l-1)} \quad \cdots\cdots\text{全连接层的权重}$$

$$b^{(l)} := b^{(l)} - \eta \sum_K \delta_i^{(l)} \quad \cdots\cdots\text{全连接层的偏置}$$

$$w_{(c,u,v)}^{(k,l)} := w_{(c,u,v)}^{(k,l)} - \eta \sum_K \sum_{i=1}^d \sum_{j=1}^d \delta_{(i,j)}^{(k,l)} x_{(c,i+u-1,j+v-1)}^{(l-1)} \quad \cdots\cdots\text{卷积过滤器的权重}$$

$$b^{(k,l)} := b^{(k,l)} - \eta \sum_K \sum_{i=1}^d \sum_{j=1}^d \delta_{(i,j)}^{(k,l)} \quad \cdots\cdots\text{卷积过滤器的偏置}$$

$$(5.42)$$

（取自表达式 4.60）

对于全连接层的权重和偏置，是不是可以沿用咱们一开始实现的、在判断长宽比的神经网络时用到的函数呀？

权重和偏置的更新是完全一样的，继续用也没有问题。

太好了，那我把代码复制过来就行了。

■ 在 Python 交互式环境中执行（示例代码 5-40）

```
>>> # 对目标函数的权重进行微分
>>> def dweight(D, X):
...     return np.dot(D.T, X)
...
>>> # 对目标函数的偏置进行微分
>>> def dbias(D):
...     return D.sum(axis=0)
```

不过，卷积过滤器的权重和偏置都是新的，需要实现它们哦。

唉，又是三重求和的实现……

这里也一样呢，只要用好 im2col 变换，就可以用矩阵来计算啦。

这个我知道。不过，还是需要美绪你帮帮我，要不然我完全不知道如何通过矩阵来计算。

对于字母形式的下标，确实不太好理解，所以你可以把字母换成具体的数字，比如 1 和 2，然后再思考一下。

就不要为难我了嘛……

哈哈，如果还没习惯，确实会觉得难。我来说一下具体的计算方法吧。首先，对 $\boldsymbol{X}$ 进行 im2col 变换，得到这个形式的矩阵。这个矩阵的形式与表达式 5.33 的相同。

$$\boldsymbol{X}_{\mathrm{col}}^{(l-1)} = \begin{bmatrix} x_{(1,1,1)}^{(l-1)} & x_{(1,1,2)}^{(l-1)} & \cdots & x_{(3,2,1)}^{(l-1)} & x_{(3,2,2)}^{(l-1)} \\ x_{(1,1,2)}^{(l-1)} & x_{(1,1,3)}^{(l-1)} & \cdots & x_{(3,2,2)}^{(l-1)} & x_{(3,2,3)}^{(l-1)} \\ \vdots & \vdots & & \vdots & \vdots \\ x_{(1,4,3)}^{(l-1)} & x_{(1,4,4)}^{(l-1)} & \cdots & x_{(3,5,3)}^{(l-1)} & x_{(3,5,4)}^{(l-1)} \\ x_{(1,4,4)}^{(l-1)} & x_{(1,4,5)}^{(l-1)} & \cdots & x_{(3,5,4)}^{(l-1)} & x_{(3,5,5)}^{(l-1)} \\ \hline x_{(1,1,1)}^{(l-1)} & x_{(1,1,2)}^{(l-1)} & \cdots & x_{(3,2,1)}^{(l-1)} & x_{(3,2,2)}^{(l-1)} \\ x_{(1,1,2)}^{(l-1)} & x_{(1,1,3)}^{(l-1)} & \cdots & x_{(3,2,2)}^{(l-1)} & x_{(3,2,3)}^{(l-1)} \\ \vdots & \vdots & & \vdots & \vdots \\ x_{(1,4,3)}^{(l-1)} & x_{(1,4,4)}^{(l-1)} & \cdots & x_{(3,5,3)}^{(l-1)} & x_{(3,5,4)}^{(l-1)} \\ x_{(1,4,4)}^{(l-1)} & x_{(1,4,5)}^{(l-1)} & \cdots & x_{(3,5,4)}^{(l-1)} & x_{(3,5,5)}^{(l-1)} \\ \vdots & \vdots & & \vdots & \vdots \end{bmatrix} \tag{5.43}$$

对于德尔塔，则创建一个纵向元素数量等于通道数量，横向元素数量等于"训练数据的数量 × 特征图的大小"的矩阵。为了方便起见，我把这个矩阵表示为 $\boldsymbol{\Delta}_{\mathrm{col}}$。

$$\boldsymbol{\Delta}_{\mathrm{col}}^{(l)} = \begin{bmatrix} \delta_{(1,1)}^{(1,l)} & \delta_{(1,2)}^{(1,l)} & \cdots & \delta_{(d,d-1)}^{(1,l)} & \delta_{(d,d)}^{(1,l)} & \delta_{(1,1)}^{(1,l)} & \delta_{(1,2)}^{(1,l)} & \cdots & \delta_{(d,d-1)}^{(1,l)} & \delta_{(d,d)}^{(1,l)} & \cdots \\ \delta_{(1,1)}^{(2,l)} & \delta_{(1,2)}^{(2,l)} & \cdots & \delta_{(d,d-1)}^{(2,l)} & \delta_{(d,d)}^{(2,l)} & \delta_{(1,1)}^{(2,l)} & \delta_{(1,2)}^{(2,l)} & \cdots & \delta_{(d,d-1)}^{(2,l)} & \delta_{(d,d)}^{(2,l)} & \cdots \\ \vdots & \vdots & & \vdots & \vdots & \vdots & \vdots & & \vdots & \vdots & \vdots \\ \delta_{(1,1)}^{(C,l)} & \delta_{(1,2)}^{(C,l)} & \cdots & \delta_{(d,d-1)}^{(C,l)} & \delta_{(d,d)}^{(C,l)} & \delta_{(1,1)}^{(C,l)} & \delta_{(1,2)}^{(C,l)} & \cdots & \delta_{(d,d-1)}^{(C,l)} & \delta_{(d,d)}^{(C,l)} & \cdots \end{bmatrix} \tag{5.44}$$

然后将 $\boldsymbol{\Delta}_{\mathrm{col}}^{(l)}$ 与 $\boldsymbol{X}_{\mathrm{col}}^{(l-1)}$ 相乘，得到一个矩阵，它的每个元素都是对过滤器的权重 $w_{(c,u,v)}^{(k,l)}$ 的偏微分。

使用 $\boldsymbol{\Delta}_{\mathrm{col}}^{(l)}$ 与 $\boldsymbol{X}_{\mathrm{col}}^{(l-1)}$ 的乘积去更新过滤器的权重就好了吧?

$$W^{(l)} := W^{(l)} - \eta \boldsymbol{\Delta}_{\mathrm{col}}^{(l)} \boldsymbol{X}_{\mathrm{col}}^{(l-1)} \tag{5.45}$$

嗯,这个表达式没问题。对于偏置,只需要在横向加上表达式 5.44 就好了,所以可以使用 sum 函数。

好的,那我实现看看。

■ 在 Python 交互式环境中执行(示例代码 5-41)

```
>>> # 目标函数对过滤器权重的微分
>>> def dfilter_weight(X, D, weight_shape):
...     K, KC, FH, FW = weight_shape
...     N, DC, DH, DW = D.shape
...     D = D.transpose(1,0, 2, 3).reshape(DC, N * DH * DW)
...     col_X = im2col(X, FH, FW, 1, 2)
...     return np.dot(D, col_X).reshape(K, KC, FH, FW)

>>> # 目标函数对过滤器偏置的微分
>>> def dfilter_bias(D):
...     N, C, H, W = D.shape
...     return D.transpose(1,0, 2, 3).reshape(C, N * H * W).sum(axis=1)
```

是的,对权重和偏置的微分看上去没错。剩下的,就是使用之前实现的微分的函数来实现表达式 5.42 了。

啊,这里需要确定学习率 η 了吧?还用之前实现全连接神经网络时用到的值吗?

嗯,是要确定的。虽然不试也不知道,不过用一个比上次小一点的值吧。

如果不成功，重试就行了。之前是 0.001，那这次改为 0.0001 吧。

■ 在 Python 交互式环境中执行（示例代码 5-42）

```
>>> # 学习率
>>> ETA = 1e-4
```

好的，如果训练没啥进展，咱们再调整。

对于参数更新的部分，我们调用 dweight、dbias、dfilter_weight 和 dfilter_bais 直接实现表达式 5.42 就好啦。

■ 在 Python 交互式环境中执行（示例代码 5-43）

```
>>> # 参数的更新
>>> def update_parameters(D4, X3, D3, X2, D2, X1, D1, X0):
...     global W4, W3, W2, W1, b4, b3, b2, b1
...     W4 = W4 - ETA * dweight(D4, X3)
...     W3 = W3 - ETA * dweight(D3, X2)
...     W2 = W2 - ETA * dfilter_weight(X1, D2, W2.shape)
...     W1 = W1 - ETA * dfilter_weight(X0, D1, W1.shape)
...     b4 = b4 - ETA * dbias(D4)
...     b3 = b3 - ETA * dbias(D3)
...     b2 = b2 - ETA * dfilter_bias(D2)
...     b1 = b1 - ETA * dfilter_bias(D1)
```

这样就完成了正向传播、反向传播和参数更新部分的实现啦。

真不容易呀……即使掌握了理论，在实现过程中，也还有很多问题需要解决啊。

im2col 变换及其逆向的 col2im 变换的思路，可不是光看数学表达式就能想到的。

可不是嘛。

总之，现在所有卷积神经网络相关的部分都完成实现了，咱们最后来实现训练部分，然后就实际地训练网络吧。

好啊。训练部分的实现与全连接神经网络的是一样的吧？

■ 在 Python 交互式环境中执行（示例代码 5-44）

```
>>> # 训练
>>> def train(X0, Y):
...     Z1, X1, PI1, Z2, X2, PI2, Z3, X3, X4 = forward(X0)
...     D4, D3, D2, D1 = backward(Y, X4, Z3, X2, PI2, Z2, X1, PI1, Z1)
...     update_parameters(D4, X3, D3, X2, D2, X1, D1, X0)
```

接下来是轮数。这次也设为 30 000 左右怎么样？

之前准备的训练数据太少了，所以才不得不增大轮数来重复地训练，而这次的 MNIST 数据集中包含了 60 000 个训练数据，所以轮数少一些也没问题，比如 5 次。

啊，这么小合适吗？

这个不能一概而论，但与简单的全连接神经网络相比，至少卷积神经网络的训练速度非常慢，所以如果要重复 30 000 次，那就不知道什么时候能结束训练了。

这个我还真没有概念，还好有你在，真是帮了大忙了。那么，我就先把它设为 5 次了。

■ 在 Python 交互式环境中执行（示例代码 5-45）

```
>>> # 轮数
>>> EPOCH = 5
```

剩下的就是既能了解训练的进展，又能查看误差值的目标函数的实现啦。

$$E(\boldsymbol{\Theta}) = -\sum_{p=1}^{n} t_p \cdot \log_e y_p$$

$$(5.46)$$

对了，假如 log 里面的值是 0，会导致结果变为 -inf。为了防止在数值计算上出现这种情况，我们应该给 log 里面的值上适当地加一个小的值。

自己随意添加一个数值，这能行吗？

这个目标函数在实现上只要能够作为训练进度的参考即可，所以它的值多一点或少一点都没有关系。

原来是这样，那我就在此基础上实现表达式 5.46 啦。

■ 在 Python 交互式环境中执行（示例代码 5-46）

```
>>> # 预测
>>> def predict(X):
...     return forward(X)[-1]
...
>>> # 交叉熵函数
>>> def E(T, X):
...     return -(T * np.log(predict(X) + 1e-5)).sum()
```

好啦，剩下的就是把数据分成小批量，然后重复训练过程的部分了。这部分也沿用上次的代码，可以吗？

基本上同样的代码就行。不过呢，由于 1 次小批量的训练很耗时，所以或许缩短日志的输出间隔会更好。

你的意思是每轮都输出 1 次日志的话，间隔就太长了？嗯，那改成每完成 10 次小批量的更新就输出 1 次日志吧。

嗯，这样应该差不多。

那好，训练的部分我就这样去实现了。

■ **在 Python 交互式环境中执行（示例代码 5-47）**

```
>>> # 小批量的大小
>>> BATCH = 100
>>>
>>> for epoch in range(1, EPOCH + 1):
...     # 获取用于小批量训练的随机索引
...     p = np.random.permutation(len(TX))
...     # 取出数量为小批量大小的数据，进行训练
...     for i in range(math.ceil(len(TX) / BATCH)):
...         indice = p[i*BATCH:(i+1)*BATCH]
...         X0 = TX[indice]
...         Y = TY[indice]
...         train(X0, Y)
...         # 输出日志
...         if i % 10 == 0:
...             error = E(Y, X0)
...             log = '误差：{:8.4f}（第 {:2d} 轮 第 {:3d} 个小批量）'
...             print(log.format(error, epoch, i))
```

※ ' 前面出现的代码都汇总在源代码包的 cnn.py 文件中，大家可下载查看

------------- 运行中 -------------

时间好长啊……

训练卷积神经网络的计算量非常大，再等等吧。

------------- 15 分钟后 -------------

依然在运行中，已经输出的日志是这样的。

误差： 232.6482 （ 第 1 轮 第 0 个小批量 ）	
误差： 180.1757 （ 第 1 轮 第 10 个小批量 ）	
误差： 150.5037 （ 第 1 轮 第 20 个小批量 ）	
⋮	
（省略）	
⋮	
误差： 24.4701 （ 第 2 轮 第 10 个小批量 ）	
误差： 19.4922 （ 第 2 轮 第 20 个小批量 ）	

重复 5 轮训练，到底需要多长时间啊······

------------- 1 小时后 -------------

⋮	
（省略）	
⋮	
误差： 7.3068 （ 第 5 轮 第 540 个小批量 ）	
误差： 12.0094 （ 第 5 轮 第 550 个小批量 ）	
误差： 8.8667 （ 第 5 轮 第 560 个小批量 ）	
误差： 8.3290 （ 第 5 轮 第 570 个小批量 ）	
误差： 9.4702 （ 第 5 轮 第 580 个小批量 ）	
误差： 13.3063 （ 第 5 轮 第 590 个小批量 ）	

总算是完事儿了······

误差看起来比一开始小很多了。

可以认为训练成功完成了吗？太花时间了，我可不想再来一遍······

应该完成了，要不咱们找些测试数据，试试分类的效果吧。

好主意！那我就拿前 10 个数据试试吧。

■ 在 Python 交互式环境中执行（示例代码 5-48）

```
>>> testX = load_file('t10k-images-idx3-ubyte', offset=16)
>>> testX = convertX(testX)
>>> # 显示测试数据集的前 10 个数据
>>> show_images(testX[0:10])
```

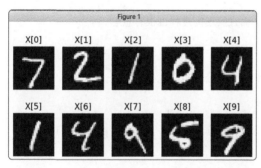

图 5-9

卷积神经网络的输出有 10 个维度，所以如果写一个"输出概率最高的单元的索引"的函数，结果会更容易理解哦。

哦，对哦。那我写一个分类的函数，实际去分类试试……写好啦。

■ 在 Python 交互式环境中执行（示例代码 5-49）

```
>>> # 分类
>>> def classify(X):
...     return np.argmax(predict(X), axis=1)
...
>>> classify(testX[0:10])
array([7, 2, 1, 0, 4, 1, 4, 9, 5, 9])
```

7, 2, 1, 0, 4, 1, 4, 9, 5, 9。哇，好棒！看来全对了！

 训练效果很棒呢！

 虽然过程很漫长，但是看到自己做的东西能正常工作，真的很开心。

 虽然只看数学表达式来理解理论知识也可以，但是通过实际动手实现能够加深理解，你有这种感受吗？

 是的，而且实现的过程也很有意思。

 那就太好了！今天咱们就先到这里？

 好的。果然虽然过程很有意思，但是也很累人啊。

 今天可太谢谢你了！

后话

 唉,好累啊……

 我看你最近工作很忙呀。

 嗯,不过累并快乐着。我在工作中创建了一个使用了神经网络的模型,研究了很多东西,非常有意思。

 绫姐值钱学了那么多知识,这次终于付诸实践啦。

 不过,还有好多地方我还不太明白。

学习机器学习基础知识的价值

 虽然有很多地方不太明白,不过我一直在努力掌握基础知识,这些知识应该会很有用的。

 我也认为基础知识很重要。这几年出现了很多框架,只要写几行代码就能创建一个模型,但如果不了解基础知识,就很难用好这些框架。

 是的,而且在学习新的东西时,打下的基础也能帮助我们快速入门和理解。

 世界发展如此之快,新的想法和方法层出不穷,掌握基础可太重要了。

可不？我经常阅读文献来研究各种方法，这时以前学过的基础知识就充分发挥作用了。

 那很好啊。

 不过，最近我发现要想真正地把机器学习用于实践，光知道这些数学表达式和理论是不够的。

 哦，是吗？我最近还在大学里上课学这些基础知识呢……

 啊，我不是在否定学习基础知识这件事。正是因为我学习了神经网络的基础知识，才能够亲自从零开始实现它，还尝试应用了它。

 嗯，这不是很好吗？

 但其实这样还不够。

 啊，我知道了。你是不是想说，预处理其实是一个非常重要的部分，所以不能忽视它？

 当然，预处理也很重要。我知道有很多重要的事情没有出现在数学表达式中，比如清洗数据、修补缺失的数值、平衡采样等，不过我想说的不是这个。

 啊，那到底是什么？

 我想说的是，我们还应该思考一下实践机器学习的价值。

实践机器学习的价值

 我是一名程序员，工作中会编制软件，但即使学会了编程，能够做出一些软件，如果这些软件没有价值，也不会有人使用它们。

 我觉得机器学习也是一样的。即使掌握了理论，能够创建模型，如果这些模型没有价值，也不会有人使用它们。

 嗯，这倒是的。

 如果不去思考现在存在什么样的问题，需要做什么来解决这些问题，机器学习可以应用在问题的哪些地方，那就不能想着"先引入机器学习再说"，否则只会基于对现状的错误分析做出错误的模型，导致这些模型无人问津。

 我还是大学生，从来没有工作过，所以也从来没有想过这个问题……

 我曾经有过一种强烈的冲动：因为机器学习和神经网络非常流行，所以我要应用它们。但当我试图在工作中使用它们时，我意识到了这个问题。

 如果想要在工作中用到机器学习，就不能只是学习数学部分，还必须理解问题，把问题转换成机器学习可以解决的数学形式之后，再去解决问题。不这么做是不行的。

 原来这就是机器学习的价值，进一步说，就是从事机器学习的绫姐的价值啊！

 嘿嘿，你这么说让我觉得有点不好意思……不过，大概就是这个意思。

 将来我也想使用机器学习做一些事情，看来我也得事先考虑好这些呀。

嗯。但是，你首先要在大学里学好基础知识哦！我虽然有朋友教，但是我当年认真上过的课程也起到了很大的作用的。

 我记得你说过几次，有个朋友在教你。你这位朋友真好啊。

 人非常好，靠谱。

 这样啊，要不我也找她教教我吧？

 不行不行，你可不能找她哦！

附 录

A.1
求和符号

A.2
微分

A.3
偏微分

A.4
复合函数

A.5
向量和矩阵

A.6
指数与对数

A.7
Python 环境搭建

A.8
Python 基础知识

A.9
NumPy 基础知识

A.1 | 求和符号

在表示求和运算时可以用**求和**符号 $\sum$（读作"西格玛"）。假设现在我们要做从 1 加到 100 的简单求和运算。

$$1 + 2 + 3 + 4 + \cdots + 99 + 100 \tag{A.1.1}$$

写 100 个数字很麻烦，所以这个表达式中用了省略号，但是如果用求和符号，它就可以变得像下面这样简单。

$$\sum_{i=1}^{100} i \tag{A.1.2}$$

这个表达式的意思是从 $i=1$ 开始，加到 100 为止。这是明确地表明要加到 100 的情况，对于那些不知道要加到多少的情况，可以用 n 来表示。

$$\sum_{i=1}^{n} i \tag{A.1.3}$$

下面这个表达式的第 2 行用的也是 n。n 的意思是训练数据可能是 10 个，也可能是 20 个，因为现在还不明确，所以先用 n 来代替。像这种还不明确具体要加到多少个的情况，$\sum$ 也能很好地表示。

大家应该知道，第 1 个等号后面的表达式如果不使用 $\sum$ 符号，就会变成第 2 个等号后面的样子。

$$
\begin{aligned}
E(\boldsymbol{\Theta}) & \\
&= \frac{1}{2} \sum_{k=1}^{n} \Big(y_k - f(\boldsymbol{x}_k) \Big)^2 \\
&= \frac{1}{2} \Big(\big(y_1 - f(\boldsymbol{x}_1) \big)^2 + \big(y_2 - f(\boldsymbol{x}_2) \big)^2 + \cdots + \big(y_n - f(\boldsymbol{x}_n) \big)^2 \Big)
\end{aligned} \tag{A.1.4}
$$

A.2 微分

在深度学习领域，有多种解决最优化问题的方法，其中之一就是使用**微分**。除深度学习领域之外，微分还被应用于各种各样的场景，是非常重要的概念，建议大家一定要掌握它的基础知识。在这里，我简单地介绍一下微分的基础知识。

通过微分，可以得知函数在某个点的斜率，也可以了解函数在瞬间的变化。只这么说可能不太好理解，我们来看一个具体的例子。请想象一下开车行驶在大街上的场景。设横轴为经过时间、纵轴为行驶距离，那么下面的图A-1应该可以表现二者的关系。

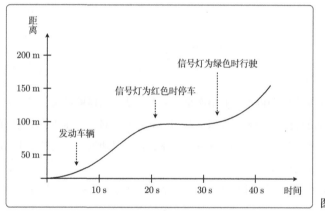

图 A-1

从图中可以看出，车辆在 40 s 内大约行驶了 120 m，所以用下述表达式可以很快地计算出这一期间的行驶速度。

$$\frac{120 \text{ m}}{40 \text{ s}} = 3 \text{ m/s} \tag{A.2.1}$$

不过，这是平均速度，车辆并没有一直保持 3 m/s 的速度。从图中也可以看出，车辆在刚发动时速度较慢，缓缓前进，而在因红灯而停止时速度变为 0，完全不动了。就像这样，一般来说，各个时间点的瞬时速度都取值不同。

刚才我们计算了 40 s 内的速度，为了求出"瞬间的变化量"，我们来渐渐缩小时间的间隔。看一下图 A-2 中 10 s 到 20 s 的情况。这一期间车辆跑了大约 60 m，所以可以这样求出它的速度。

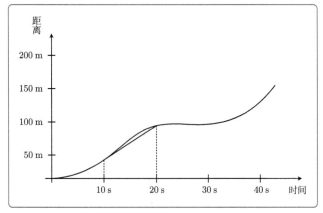

图 A-2

$$\frac{60\ \mathrm{m}}{10\ \mathrm{s}} = 6\ \mathrm{m/s}$$

(A.2.2)

这与求某个区间内图形的斜率是一回事。使用同样的做法，接着求 10 s 和 11 s 之间的斜率，进而求 10.0 s 和 10.1 s 之间的斜率。逐渐缩小时间的间隔，最终就可以得出 10 s 那一瞬间的斜率，也就是速度。像这样缩小间隔求斜率的方法正是微分。

为了求得这种"瞬间的变化量"，我们设函数为 $f(x)$、h 为微小的数，那么函数 $f(x)$ 在点 x 的斜率就可以用以下表达式表示。

$$\frac{\mathrm{d}}{\mathrm{d}x} f(x) = \lim_{h \to 0} \frac{f(x+h) - f(x)}{h}$$

(A.2.3)

※ $\frac{\mathrm{d}}{\mathrm{d}x}$ 称为微分运算符，在表示 $f(x)$ 的微分时可以写作 $\frac{\mathrm{d}f(x)}{\mathrm{d}x}$ 或 $\frac{\mathrm{d}}{\mathrm{d}x} f(x)$。此外，同样用于表示微分的符号还有撇（′），$f(x)$ 的微分也可以表示为 $f'(x)$。用哪一种写法都没有问题，本书统一使用微分运算符 $\frac{\mathrm{d}}{\mathrm{d}x}$ 的写法。

用字母来描述可能会让大家感到突然变难了，所以我们代入具体的数字来看看，这样有助于理解。比如，考虑一下刚才那个计算 10.0 s 和 10.1 s 之间的斜率的例子。在那种情况下下 $x = 10$、$h = 0.1$。假设车辆在 10.0 s 的时间点行驶了 40.0 m，在 10.1 s 的时间点行驶了 40.6 m，那么可以进行如下计算。

$$\frac{f(10 + 0.1) - f(10)}{0.1} = \frac{40.6 - 40}{0.1} = 6 \tag{A.2.4}$$

　　这里的 6 就是斜率，在这个例子中它表示速度。本来 h 应当无限接近 0，所以要用比 0.1 小得非常多的值来计算，但这里只是一个例子，姑且就用 $h = 0.1$ 了。

　　通过计算这样的表达式，可以求出函数 $f(x)$ 在点 x 的斜率，也就是说可以微分。实际上，直接用这个表达式也不太容易计算，但微分有一些很有用的、值得我们去记住的特性。这里就介绍一些在本书中会用到的特性。

　　第 1 个特性是，当 $f(x) = x^n$ 时，对它进行微分可以得到以下表达式。

$$\frac{\mathrm{d}}{\mathrm{d}x} f(x) = n x^{n-1} \tag{A.2.5}$$

　　第 2 个特性是，若有函数 $f(x)$ 和 $g(x)$，以及常数 a，那么下述微分表达式成立。它们体现出来的特性被称为**线性**。

$$\frac{\mathrm{d}}{\mathrm{d}x}(f(x) + g(x)) = \frac{\mathrm{d}}{\mathrm{d}x} f(x) + \frac{\mathrm{d}}{\mathrm{d}x} g(x)$$

$$\frac{\mathrm{d}}{\mathrm{d}x}(a f(x)) = a \frac{\mathrm{d}}{\mathrm{d}x} f(x) \tag{A.2.6}$$

　　第 3 个特性是，与 x 无关的常数 a 的微分为 0。

$$\frac{\mathrm{d}}{\mathrm{d}x} a = 0 \tag{A.2.7}$$

通过组合这些特性，即便是多项式也可以简单地进行微分。下面来看一些例子。

$$\frac{\mathrm{d}}{\mathrm{d}x}5 = 0 \quad \cdots\cdots \text{使用 A.2.7}$$

$$\frac{\mathrm{d}}{\mathrm{d}x}x = \frac{\mathrm{d}}{\mathrm{d}x}x^1 = 1 \cdot x^0 = 1 \quad \cdots\cdots \text{使用 A.2.5}$$

$$\frac{\mathrm{d}}{\mathrm{d}x}x^3 = 3x^2 \quad \cdots\cdots \text{使用 A.2.5}$$

$$\frac{\mathrm{d}}{\mathrm{d}x}x^{-2} = -2x^{-3} \quad \cdots\cdots \text{使用 A.2.5}$$

$$\frac{\mathrm{d}}{\mathrm{d}x}10x^4 = 10\frac{\mathrm{d}}{\mathrm{d}x}x^4 = 10 \cdot 4x^3 = 40x^3 \quad \cdots\cdots \text{使用 A.2.6 和 A.2.5}$$

$$\frac{\mathrm{d}}{\mathrm{d}x}(x^5 + x^6) = \frac{\mathrm{d}}{\mathrm{d}x}x^5 + \frac{\mathrm{d}}{\mathrm{d}x}x^6 = 5x^4 + 6x^5 \quad \cdots\cdots \text{使用 A.2.6 和 A.2.5} \tag{A.2.8}$$

本书中的大多数微分利用了这些特性，所以只要记住这些就足够了。

A.3 | 偏微分

前面我们看到的函数 $f(x)$ 是只有 1 个变量 x 的单变量函数，不过在实际工作中还存在下面这种变量多于 2 个的多变量函数。

$$g_1(x_1, x_2, x_3) = x_1 + x_2^2 + x_3^3$$

$$g_2(x_1, x_2, x_3, x_4) = \frac{2x_1\sqrt{x_2} + \sin x_n}{x_4^2} \tag{A.3.1}$$

在神经网络的优化问题中有多少个权重和偏置这样的参数，就有多少个变量，目标函数正是这样的**多变量函数**。前面我们学习了使用微分，沿着切线的方向一点点移动参数的思路（参见 3.5 节），但是对于参数有多个的情况，每个参数的切线都不同，移动方向也不同。

因此，在对多变量函数进行微分时，我们只需关注要微分的变量，把其他变量都当作常数来处理。这种微分的方法就称为**偏微分**。

下面我们通过具体的例子来加深对它的理解。由于包含 3 个以上变量的函数不容易画成图，所以这里考虑有 2 个变量的函数的情况（图 A-3）。

$$h(x_1, x_2) = x_1^2 + x_2^3 \tag{A.3.2}$$

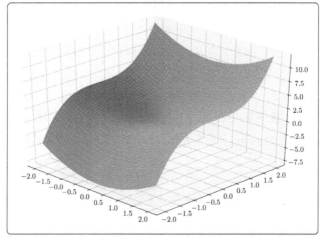

图 A-3

由于有 2 个变量，所以需要在 3 维空间内画图。图中左边向内延伸的轴是 x_1，右边向内延伸的轴是 x_2，高为 $h(x_1, x_2)$ 的值。接下来，求这个函数 h 对 x_1 的偏微分。刚才介绍偏微分时说过，除了关注的变量以外，其他变量都作为常数来处理。换言之，就是把变量的值固定。比如把 x_2 固定为 $x_2 = 1$，这样 h 就会变成只有 x_1 这 1 个变量的函数（图 A-4）。

$$h(x_1, x_2) = x_1^2 + 1^3 \tag{A.3.3}$$

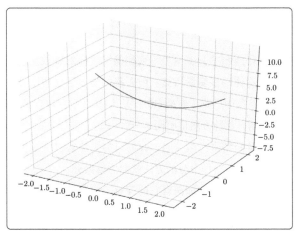

图 A-4

尽管图依然在 3 维空间内，但它看上去却是简单的二次函数了。由于常数的微分都是 0，所以 h 对 x_1 进行偏微分的结果是下面这样的。

$$\frac{\partial}{\partial x_1} h(x_1, x_2) = 2x_1 \tag{A.3.4}$$

另外要说明的是，虽然在偏微分时微分的运算符由 d 变为 ∂ 了，但是二者含义是相同的。接下来，我们基于同样的思路，考虑一下 h 对 x_2 的偏微分。比如将 x_1 固定为 $x_1 = 1$，那么 h 将成为只有 x_2 这 1 个变量的函数（图 A-5）。

$$h(x_1, x_2) = 1^2 + x_2^3 \tag{A.3.5}$$

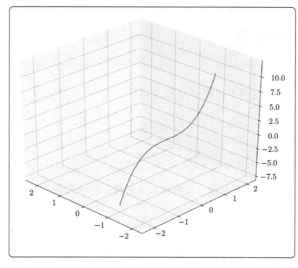

图 A-5

这次，h 变为简单的三次函数了。与对 x_1 偏微分时的做法相同，这次 h 对 x_2 偏微分的结果如下所示。

$$\frac{\partial}{\partial x_2}h(x_1, x_2) = 3x_2^2 \tag{A.3.6}$$

像这样只关注要微分的变量，将其他变量全部作为常数来处理，我们就可以知道在这个变量下函数的斜率是多少。考虑到可视化问题，这次我们用只有两个变量的函数进行了说明，但不管变量增加到多少，这个方法都是适用的。

A.4 复合函数

我们来考虑下面这两个函数 $f(x)$ 和 $g(x)$。

$$f(x) = 10 + x^2$$
$$g(x) = 3 + x \tag{A.4.1}$$

向 $f(x)$ 和 $g(x)$ 的 x 代入任意值，自然就会得出相应的输出值。

$$f(1) = 10 + 1^2 = 11$$
$$f(2) = 10 + 2^2 = 14$$
$$f(3) = 10 + 3^2 = 19$$
$$g(1) = 3 + 1 = 4$$
$$g(2) = 3 + 2 = 5$$
$$g(3) = 3 + 3 = 6 \tag{A.4.2}$$

上面我们向 x 代入了数字 $1, 2, 3$，其实，也可以向 x 代入函数。也就是说，我们可以实现下面这样的表达式。

$$f(g(x)) = 10 + g(x)^2 = 10 + (3+x)^2$$
$$g(f(x)) = 3 + f(x) = 3 + (10 + x^2) \tag{A.4.3}$$

它们分别是 $f(x)$ 中出现 $g(x)$，以及 $g(x)$ 中出现 $f(x)$ 的形式。像这样由多个函数组合而成的函数称为**复合函数**。在本书中，这种复合函数的微分会多次出现，所以建议大家熟悉复合函数及其微分方法。

比如复合函数 $f(g(x))$ 对 x 求微分的情况。直接看这个表达式不太好理解，我们可以像下面这样把函数暂时替换为变量。

$$y = f(u)$$
$$u = g(x) \tag{A.4.4}$$

这样就可以对 x 和 y 的关系得出以下结论。

x 包含在 u 中

u 包含在 y 中

知道了这样的关系之后，就无须直接计算 $f(g(x))$ 的微分了，而是可以像下面这样分步骤进行微分。

$$\frac{\mathrm{d}y}{\mathrm{d}x} = \frac{\mathrm{d}y}{\mathrm{d}u} \cdot \frac{\mathrm{d}u}{\mathrm{d}x} \tag{A.4.5}$$

也就是说，把 y 对 u 微分的结果与 u 对 x 微分的结果相乘即可。我们实际微分一下试试。

$$\begin{aligned}
\frac{\mathrm{d}y}{\mathrm{d}u} &= \frac{\mathrm{d}}{\mathrm{d}u} f(u) \\
&= \frac{\mathrm{d}}{\mathrm{d}u}(10 + u^2) = 2u \\
\frac{\mathrm{d}u}{\mathrm{d}x} &= \frac{\mathrm{d}}{\mathrm{d}x} g(x) \\
&= \frac{\mathrm{d}}{\mathrm{d}x}(3 + x) = 1
\end{aligned} \tag{A.4.6}$$

每一部分的结果都算好后，剩下的就是相乘了。把 u 恢复为 $g(x)$ 就可以得到最终想要的微分结果。

$$\begin{aligned}
\frac{\mathrm{d}y}{\mathrm{d}x} &= \frac{\mathrm{d}y}{\mathrm{d}u} \cdot \frac{\mathrm{d}u}{\mathrm{d}x} \\
&= 2u \cdot 1 \\
&= 2g(x) \\
&= 2(3 + x)
\end{aligned} \tag{A.4.7}$$

在神经网络的误差反向传播法中常常分步骤计算复合函数的微分。至于如何将函数分割为简单函数，大家可能慢慢才会掌握，但是记住复合函数的微分这一技巧是绝对有好处的。

A.5 向量和矩阵

在神经网络领域，为了更高效地处理数值计算，要用到向量和矩阵。对于学文科的人来说，向量还好说，但矩阵可能很少有机会能接触到，所以在这里，我们来了解一下二者的基础知识。

首先，**向量**是把数字纵向排列的数据结构，而矩阵是把数字纵向和横向排列的数据结构。二者分别呈现为下面这样的形式。

$$a = \begin{bmatrix} 3 \\ 9 \\ -1 \end{bmatrix}, \quad A = \begin{bmatrix} 6 & 3 \\ 11 & 9 \\ 8 & 10 \end{bmatrix} \tag{A.5.1}$$

人们常用**小写字母**表示向量、大写字母表示矩阵，并且都用黑斜体，本书也遵循了这一习惯。另外，向量和矩阵的元素常带有下标，本书中也多次出现这种写法。

$$a = \begin{bmatrix} a_1 \\ a_2 \\ a_3 \end{bmatrix}, \quad A = \begin{bmatrix} a_{11} & a_{12} \\ a_{21} & a_{22} \\ a_{31} & a_{32} \end{bmatrix} \tag{A.5.2}$$

上面的向量 a 是纵向 3 个数字的排列，所以是 3 维向量。矩阵 A 是纵向 3 个、横向 2 个数字的排列，所以它就是大小为 3×2（也可以称之为 3 行 2 列）的矩阵。如果把向量当作只有 1 列的矩阵，那么 a 就可以看作 3×1 的矩阵。本节后面的内容会把向量当作 $n \times 1$ 的矩阵进行说明。

矩阵分别支持和、差、积的计算。假如有以下两个矩阵 A 和 B，我们来分别计算一下它们的和、差、积。

$$A = \begin{bmatrix} 6 & 3 \\ 8 & 10 \end{bmatrix}, \quad B = \begin{bmatrix} 2 & 1 \\ 5 & -3 \end{bmatrix} \tag{A.5.3}$$

和与差的计算并不难，只需将各个相应元素相加或相减即可。

$$A + B = \begin{bmatrix} 6+2 & 3+1 \\ 8+5 & 10-3 \end{bmatrix} = \begin{bmatrix} 8 & 4 \\ 13 & 7 \end{bmatrix}$$

$$A - B = \begin{bmatrix} 6-2 & 3-1 \\ 8-5 & 10+3 \end{bmatrix} = \begin{bmatrix} 4 & 2 \\ 3 & 13 \end{bmatrix} \tag{A.5.4}$$

积的运算有些特殊，所以这里会详细讲解它。计算矩阵的积时，需要将左侧矩阵的行与右侧矩阵的列的元素依次相乘，然后将结果加在一起。文字说明不容易理解，我们实际地计算一遍。矩阵的乘法是像下面这几张图这样计算的（图 A-6 ～ 图 A-9）。

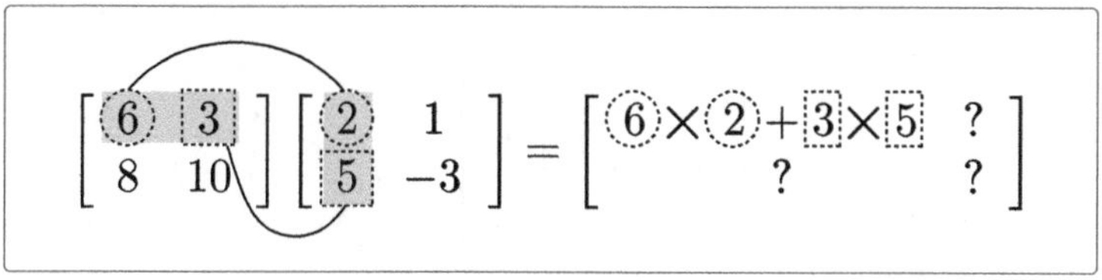

图 A-6

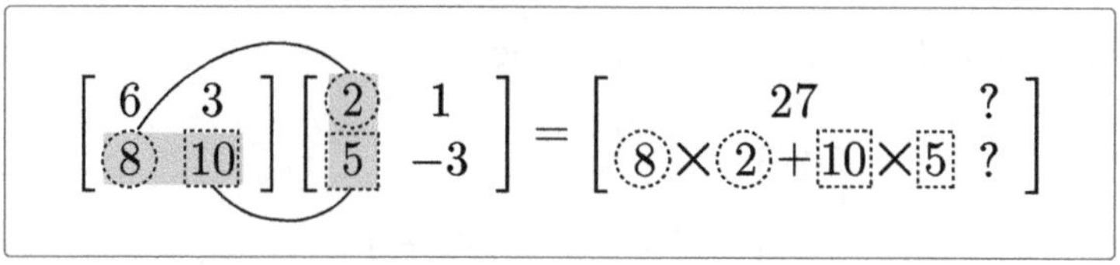

图 A-7

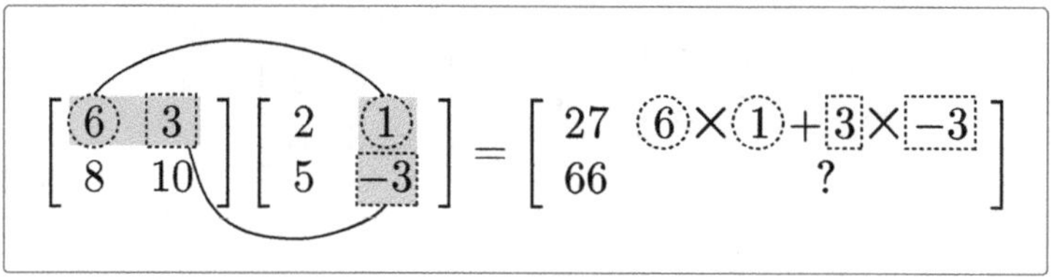

图 A-8

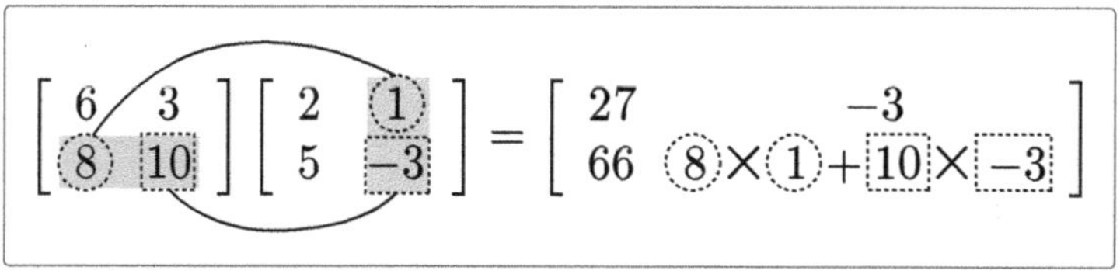

图 A-9

最终，A 和 B 的积如下所示。

$$AB = \begin{bmatrix} 27 & -3 \\ 66 & -22 \end{bmatrix}$$

(A.5.5)

矩阵中**相乘的顺序**是很重要的。一般来说，AB 和 BA 的结果是不同的（偶尔会出现结果相同的情况）。此外，**矩阵的大小**也很重要。在计算矩阵乘积时，左侧矩阵的列数与右侧矩阵的行数必须相同。由于 A 和 B 二者都为 2×2 的矩阵，所以满足这个条件。大小不匹配的矩阵之间的积未被定义，所以下面这种 2×2 的矩阵和 3×1 的矩阵的积无法计算。

$$\begin{bmatrix} 6 & 3 \\ 8 & 10 \end{bmatrix} \begin{bmatrix} 2 \\ 5 \\ 2 \end{bmatrix}$$

(A.5.6)

最后我们来了解一下**转置**。这是像下面这样交换行和列的操作。本书在讲解时会在字母的右上角加上记号 T 来表示转置。

$$a = \begin{bmatrix} 2 \\ 5 \\ 2 \end{bmatrix}, \ a^{\mathrm{T}} = \begin{bmatrix} 2 & 5 & 2 \end{bmatrix}$$

$$A = \begin{bmatrix} 2 & 1 \\ 5 & 3 \\ 2 & 8 \end{bmatrix}, \ A^{\mathrm{T}} = \begin{bmatrix} 2 & 5 & 2 \\ 1 & 3 & 8 \end{bmatrix}$$

(A.5.7)

在计算向量的积时，经常会像下面这样将一个向量转置之后再计算。这与向量间内积的计算是相同的。

$$a = \begin{bmatrix} 2 \\ 5 \\ 2 \end{bmatrix}, \; b = \begin{bmatrix} 1 \\ 2 \\ 3 \end{bmatrix}$$

$$a^{\mathrm{T}}b = \begin{bmatrix} 2 & 5 & 2 \end{bmatrix} \begin{bmatrix} 1 \\ 2 \\ 3 \end{bmatrix}$$

$$= \begin{bmatrix} 2 \cdot 1 + 5 \cdot 2 + 2 \cdot 3 \end{bmatrix}$$

$$= \begin{bmatrix} 18 \end{bmatrix} \tag{A.5.8}$$

这样的例子会频繁出现，大家一定要熟悉矩阵的积和转置操作。

A.6 | 指数与对数

在计算交叉熵时，我们用到了对数 log。这个对数到底是什么呢？这里我们来简单地了解一下。

首先，在思考什么是对数之前，我们先来看一下**指数**。知道指数的人应该很多，它出现在数字的右上角，表示要求这个数字的几次方。比如下面这些式子。

$$x^3 = x \cdot x \cdot x$$
$$x^{-4} = \frac{1}{x^4} = \frac{1}{x \cdot x \cdot x \cdot x} \tag{A.6.1}$$

右上角的指数部分常常是普通数字，如果这个指数部分是变量，那么此时函数就成了**指数函数**，其形式是这样的（$a > 1$ 的情况）（图 A-10）。

$$y = a^x \tag{A.6.2}$$

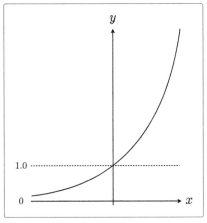

图 A-10

指数具有以下性质，这些性质被称为**指数法则**。

$$a^b \cdot a^c = a^{b+c}$$

$$\frac{a^b}{a^c} = a^{b-c}$$

$$(a^b)^c = a^{bc} \tag{A.6.3}$$

指数函数的逆函数是**对数函数**，它使用 log 来表示。

$$y = \log_a x \tag{A.6.4}$$

逆函数指的是交换某个函数的 x 和 y 之后得到的函数。它的图形是将原函数先顺时针旋转 90 度，再左右翻转后的图形。设横轴为 x、纵轴为 y，那么实际的对数函数的图形就是这样的（$a > 1$ 的情况）（图 A-11）。

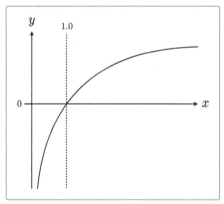

图 A-11

我们可以把它理解为"a 的 y 次方是 x"的意思。虽然有些不太容易理解，但它正好是刚才 $y = a^x$ 中 x 和 y 交换后的形式。表达式 A.6.4 中 a 的部分被称为**底**，其中以自然常数（用 e 表示的值为 2.7182... 的常数）为底的对数被称为**自然对数**。在自然对数中常常会像下面这样省略底，将对数简单地写为 ln 的形式。

$$y = \log_e x = \ln x \tag{A.6.5}$$

对数函数具有以下性质，这些性质都很常用，建议大家记住它们。

$$\log_e e = 1$$

$$\log_e ab = \log_e a + \log_e b$$

$$\log_e \frac{a}{b} = \log_e a - \log_e b$$

$$\log_e a^b = b \log_e a \tag{A.6.6}$$

此外，对数函数的微分也很常见，这里也来介绍一下。底为 a 的对数函数的微分如下所示。

$$\frac{d}{dx} \log_a x = \frac{1}{x \log_e a} \tag{A.6.7}$$

尤其是，底为 e 的自然对数具有 $\log_e e = 1$ 的特点，其微分结果如下所示，非常简洁。建议大家先记住这个表达式。

$$\frac{d}{dx} \log_e x = \frac{1}{x} \tag{A.6.8}$$

A.7 | Python 环境搭建

Python 是众多编程语言中的一种，是全世界所有人都可以免费使用的开源软件。它具有简单的结构，用它编写的代码无须编译，可以立即执行。由于这些方便简单的特性，Python 非常受初学者的喜爱。

此外，Python 在数据科学和机器学习领域的**库**尤其丰富，它是最适合这些领域的开发语言。不仅仅是初学者，这些领域的专家也经常使用它。

本书实践理论时，使用的编程语言也是 Python。下面我们就来看一下 Python 从安装到应用的步骤。

本书使用的是 Python 3 系列的版本。在本书执笔时的 2019 年 3 月，3.7.3 是最新的版本。MacOS 和 Linux 发行版一般会预装 Python，但是预装的版本基本上是 2 系列。建议大家不要使用预装的版本，而是另行安装 3 系列的版本。

另外，有些读者使用的是 Windows 操作系统。Windows 默认不预装 Python，所以需要自己安装。当然，已经拥有了 Python 3 环境的读者可以跳过这步。

A.7.1 | 安装 Python

对于想要在数据科学或机器学习领域使用 Python 的读者，我推荐非常方便的 Anaconda。Anaconda 会在安装 Python 的同时，也安装便于数据科学和机器学习开发的库。所以，如果想要尝试本书中刊载的示例程序，那么在安装后立即就可以进入开发状态。

如前所述，本书使用的是 Python 3 系列，所以安装 Anaconda 时也要选择 3 系列的。Anaconda 的安装程序可以在 Anaconda 的官网上下载。

官网上提供了 Windows/MacOS/Linux 各平台的安装程序。其中，Windows 和 MacOS 的安装程序都提供了 GUI 图形界面，所以大家可以遵照界面向导进行安装，而在 Linux 上的安装要从命令行执行安装命令。

关于详细的安装方法，大家可查看下载页面中的安装文档。基本上，遵照界面向导选择默认选项即可完成安装。如果安装过程中出现问题导致安装不能继续进行，请参考安装文档页面。

> **❗ 提 示**
>
> 安装过程中，界面上会出现是否在环境变量 PATH 里增加 Anaconda 的选项，请勾选。

Anaconda 发行版安装结束后，为了确认 Python 的版本，请在终端程序或命令提示符中输入 python --version。

■ 在终端程序或命令提示符中输入（示例代码：A-7-1）

```
$ python --version ------- 不要输入 "$"，输入该符号右侧的部分
Python 3.7.3
```

Python 后面的版本数字会随着安装版本的不同而不同，但只要显示了类似的结果，就说明环境可以正常执行。如果安装已完成却没有像这样显示结果，那么请尝试登出再登录、重新启动终端，或者重启计算机等操作。

A.7.2 | 执行 Python

Python 的执行方法大体上可以分为两种。一种是在对话式的**交互式环境**上执行，另一种是执行在 **.py 文件**中编写的内容。本书在讲解过程中主要采用了前一种在交互式环境上执行的方法。

交互式环境也被称为交互式 shell 或者对话模式，允许开发者像在与 Python 对话一样进行编程。在终端或者命令提示符输入 python 即可启动它。

■ 在终端程序或命令提示符中输入（示例代码：A-7-2）

```
$ python -------- 不要输入 "$"，输入该符号右侧的部分
Python 3.7.3 (default, Mar 27 2019, 16:54:48)
[Clang 4.0.1 (tags/RELEASE_401/final)] :: Anaconda, Inc. on darwin
Type "help", "copyright", "credits" or "license" for more information.
>>> -------- 出现 ">>>" 就意味着进入了接受 Python 程序的状态
```

进入交互式环境之后，一眼就能看到在行前的"＞＞＞"记号，我们在这个记号之后输入 Python 程序。另外，输入 quit() 可以退出交互式环境。

本书出现的 Python 源代码中，前面有"＞＞＞"或者"…"的就是在交互式环境执行的代码。请大家一定要亲自启动交互式环境，一边执行源代码一边查看结果。

另外，我从那些在交互式环境中依次执行的源代码中，抽取并汇总了真正需要的代码，本书将它们作为示例代码进行了公开。大家可以下载这些代码，然后使用 Python 执行并查看结果，所以请像下面这样，在 python 命令后指定 Python 的文件名来执行程序。而且在执行之前，不要忘记移动到 .py 文件所在的目录。

■ 在终端程序或命令提示符中输入（示例代码：A-7-3）

```
$ cd /path/to/downloads -------- 输入 .py 文件所在的目录，移动到那里
$ python nn.py -------- 执行 nn.py
```

A.8 | Python 基础知识

本小节将向没有用过 Python 的读者介绍一下 Python 程序的基本语法。不过，本书不是 Python 的入门书，这里只涉及最小范围的内容，目的是能够让大家理解在第 5 章实现的 Python 程序。因此，这里不会介绍所有的知识，如果读者想进一步加深理解，推荐大家上网查找资料或者阅读 Python 的入门书。

下面我们就一起通过实践来学习 Python 吧。首先，请在终端或命令提示符中输入 python（参考附录 A.7），启动交互式环境。

A.8.1 | 数值与字符串

Python 可以处理整数和浮点数，可以通过 +、-、*、/ 对它们进行四则运算。此外，还可以通过 % 求余数，通过 ** 进行幂运算。

■ 在 Python 交互式环境中执行（示例代码：A-8-1）

```
>>> 0.5 ------- 不要输入 ">>>"，输入该符号右侧的部分。余同。
0.5
>>> 1 + 2
3
>>> 3 - 4
-1
>>> 5 * 6
30
>>> 7 / 8
0.875
>>> 10 % 9
1
>>> 3 ** 3
27
```

Python 还支持**指数记数法**，写法如下。

■ 在 Python 交互式环境中执行（示例代码：A-8-2）

```
>>> # 下面这行与 "1.0 * 10 的 -3 次幂" 的含义相同。以 # 开始的行是注释。
>>> 1e-3
0.001
>>>
>>> # 下面这行与 "1.0 * 10 的 3 次幂" 的含义相同
>>> 1e3
1000.0
```

另外，Python 会将文字用**单引号**或者**双引号**围起来表示字符串。我们可以使用 + 和 * 运算符进行字符串的连接和重复输出。

■ 在 Python 交互式环境中执行（示例代码：A-8-3）

```
>>> 'python'
'python'
>>> "python"
'python'
>>> 'python' + ' 入门 '
'python 入门 '
>>> 'python' * 3'
'pythonpythonpython'
```

A.8.2 | 变量和注释

在使用数值或字符串时给它们起好名称，之后就可以通过名称再次使用它们。这样的结构称为**变量**。可以像下面的代码一样，将数值或字符串代入变量里使用。变量之间的运算结果可以再次赋值给变量保存，大家可以在需要的时候利用这个特性。

■ 在 Python 交互式环境中执行（示例代码：A-8-4）

```
>>> # 将数值赋值给变量，求它们的和
>>> a = 1
>>> b = 2
```

```
>>> a + b
3
>>> # 将 a 与 b 的和进一步赋值给变量 c
>>> c = a + b
>>>
>>> # 利用变量重复输出字符串
>>> d = 'python'
>>> d * c
'pythonpythonpython'
```

另外，变量的四则运算和省略写法如下所示。这些能让程序看起来简洁的写法很常用，请一并记住。

■ 在 Python 交互式环境中执行（示例代码：A-8-5）

```
>>> a = 1
>>>
>>> # 与 a = a + 2 含义相同
>>> a += 2
>>>
>>> # 与 a = a - 1 含义相同
>>> a -= 1
>>>
>>> # 与 a = a * 3 含义相同
>>> a *= 3
>>>
>>> # 与 a = a / 3 含义相同
>>> a /= 3
```

这里的代码中出现了 # 号，Python 把 # 之后的代码视为**注释**。Python 会忽略注释，所以注释不会对程序产生影响。对于程序中不易理解的部分，如果程序员想说明问题背景或自己的编写意图时可以使用它。虽然本书在很多示例代码中加入了注释，不过大家在使用交互式环境时一般不需要特意输入注释。

A.8.3 | 真假值与比较运算符

Python 中有表示**真假值**的值 True 和 False。

True 表示真，False 表示假，这两个值也被叫作布尔值，后面要介绍的流程控制语法也会用到这两个值，所以一定要记住它们。

■ 在 Python 交互式环境中执行（示例代码：A-8-6）

```
>>> # 1 与 1 相等吗？
>>> 1 == 1
True
>>>
>>> # 1 与 2 相等吗？
>>> 1 == 2
False
```

像这样比较两个值，其结果是否正确就由真假值来表示。上述示例中出现的 == 称为比较运算符，用于检查符号左侧和右侧的值是否相等。Python 的比较运算符包括 ==、!=、>、>=、< 和 <=，它们分别有以下含义，请一边阅读注释一边了解其含义。

■ 在 Python 交互式环境中执行（示例代码：A-8-7）

```
>>> # python2 与 python3 不等吗？
>>> 'python2' != 'python3'
True
>>>
>>> # 2 比 3 更大？
>>> 2 > 3
False
>>>
>>> # 2 大于等于 1 吗？
>>> 2 >= 1
True
>>>
>>> # 变量之间也可以比较
>>> a = 1
>>> b = 2
>>> # a 比 b 小吗？
```

```
>>> a < b
True
>>>
>>> # b 小于等于 2 吗?
>>> b <= 2
True
```

我们还可以对真假值应用 and 和 or 运算符。and 只在两个真假值都为
True 的情况下，结果才为 True。or 在两个真假值中任意一个为 True 的情况
下，结果为 True。

我们通过例子来看一看实际结果。

■ 在 Python 交互式环境中执行（示例代码：A-8-8）

```
>>> a = 5
>>>
>>> # a 比 1 大，而且 a 比 10 小
>>> 1 < a and a < 10
True
>>>
>>> # a 比 3 大，或者 a 比 1 小
>>> 3 < a or a < 1
True
```

A.8.4 | 列表

Python 中有一个称为**列表**的数据结构，使用该结构不仅能处理单个值，
而且能够统一处理多个值。有些语言会称该数据结构为数组。后面介绍流程
控制时也会用到列表，所以在这里我们来熟悉一下基本的列表操作方法。

■ 在 Python 交互式环境中执行（示例代码：A-8-9）

```
>>> # 创建列表
>>> a = [1, 2, 3, 4, 5, 6]
>>>
>>> # 访问列表元素
```

```
>>> # （注意：索引是从 0 开始的）
>>> a[0]
1
>>> a[1]
2
>>>
>>> # 在索引上加入负号，可以从后面访问元素
>>> a[-1]
6
>>> a[-2]
5
>>>
>>> # 有一种使用 “:” 的被称为切片的方便写法
>>> # 获取指定范围的值
>>> a[1:3]
[2, 3]
>>>
>>> # 获取从第 2 个值开始到最后的所有值
>>> a[2:]
[3, 4, 5, 6]
>>>
>>> # 获取从开始到第 3 个值的所有值
>>> a[:3]
[1, 2, 3]
```

A.8.5 | 流程控制

　　Python 程序基本上是按照书写顺序从上到下执行的，但我们也可以通过接下来要介绍的**流程控制**来实现条件分支和循环。

　　使用流程控制时，我们以代码块为单位编写代码。其他编程语言多使用 {…} 或 begin…end 来表示代码块的开始和结束，而 Python 使用**缩进**来表示代码块。虽然 tab 制表符和半角空格都可以表示缩进，但是我建议大家尽可能避免使用 tab 制表符，而是使用 4 个半角空格。与其他语言相比，Python 中的缩进非常重要，缩进未对齐会导致错误，大家要小心。

　　首先，我们通过 if 语句使用条件分支。如果在 if 之后的表达式的真假值

是 True，那么这句后面的代码块会被执行；如果是 False，那么 Python 解释器会去看下一个 elif 的真假值。假如这里也是 False，那么最终 else 下面的代码块会被执行。我们来实际地确认一下。

■ 在 Python 交互式环境中执行（示例代码：A-8-10）

```
>>> a = 10
>>>
>>> # 根据变量值能否被 3 或者 5 整除，输出不同的消息
>>> if a % 3 == 0:
...     print(' 能被 3 整除的数 ')
... elif a % 5 == 0:
...     print(' 能被 5 整除的数 ')
... else:
...     print(' 既不能被 3 也不能被 5 整除的数 ')
...        ------ 在这里按 "Enter" 键
能被 5 整除的数
```

接下来，我们通过 for 语句进行循环处理。将列表传给 for，for 就会从列表中依次取出元素，并开始循环处理。我们来实际地确认一下。

■ 在 Python 交互式环境中执行（示例代码：A-8-11）

```
>>> a = [1, 2, 3, 4, 5, 6]
>>>
>>> # 依次取出列表中元素并赋值给变量 i，然后输出值
>>> for i in a:
...     print(i)
...        -------- 在这里按 "Enter" 键
1
2
3
4
5
6
```

此外，还有一种循环处理的语法：while 语句。只要 while 后面的表达式为 True，Python 解释器就会开始循环处理。

■ 在 Python 交互式环境中执行（示例代码：A-8-12）

```
>>> a = 1
>>>
>>> # 只要 a 不大于 5，就进行循环处理
>>> while a <= 5:
...     print(a)
...     a += 1
...     -------- 在这里按"Enter"键
1
2
3
4
5
```

A.8.6 | 函数

最后我们来学习**函数**。在 Python 中，只要把一段处理定义为函数，之后就可以在需要的时候调用它。我们使用 def 来定义函数，在 def 行下面的代码块就是函数的处理。与流程控制一样，函数中也用缩进来表示代码块，所以请注意缩进的对齐。

■ 在 Python 交互式环境中执行（示例代码：A-8-13）

```
>>> def hello_python():
...     print('Hello Python')
...     -------- 在这里按"Enter"键
>>> hello_python()
Hello Python
>>>
>>> # 函数也可以接收参数并返回值
>>> def sum(a, b):
...     return a + b
...     -------- 在这里按"Enter"键
>>> sum(1, 2)
3
```

A.9 | NumPy 基础知识

NumPy 是面向数据科学的非常方便的库。尤其是 NumPy 专用的数组（被称为 ndarray）中有很多方法，非常方便。在机器学习实现的过程中，向量和矩阵的计算频繁出现，使用 NumPy 的数组可以提高处理效率。

这里以第 5 章实现的源代码中出现的 NumPy 功能为中心，对其基础部分进行讲解。NumPy 的功能非常多，这里无法一一介绍，推荐有兴趣的读者上网查找资料，或者阅读相关图书。

默认情况下，NumPy 没有被预置在 Python 标准库里，所以需要先进行安装。不过，如果是通过附录 A.7 介绍的 Anaconda 发行版安装的 Python，那么 NumPy 会被预置在内，不需要另行安装。

如果没有通过 Anaconda 发行版安装 Python，那 NumPy 基本上不会被预置在内，需要使用包管理工具 pip 来安装。

■ 在终端程序或命令提示符中输入（示例代码：A-9-1）

```
$ pip install numpy
```

NumPy 准备好之后，我们就一起通过实践来掌握它吧。首先在终端程序或命令提示符中输入 python，启动交互式环境。

A.9.1 | 导入

要想能在 Python 中使用 NumPy，首先需要导入 NumPy。具体方法是利用 import 语句，像下面这样进行导入。

■ 在 Python 交互式环境中执行（示例代码：A-9-2）

```
>>> import numpy as np
```

这一行的意思是以 np 这一名称读取 numpy 库。以后通过 np 这个名称就可以使用 NumPy 的功能。后面的示例代码都以已经完成库的读取为前提执行。

A.9.2 多维数组

NumPy 的核心是表示多维数组的 ndarray。在示例代码 A-8-9 中，我们已经见过 Python 使用 ":" 这个方便的切片写法，而 NumPy 的多维数组也有几个访问元素的方便写法，下面以本书用到的写法为中心予以介绍。

■ 在 Python 交互式环境中执行（示例代码：A-9-3）

```
>>> # 创建 3×3 的多维数组（矩阵）
>>> a = np.array([[1, 2, 3], [4, 5, 6], [7, 8, 9]])
>>> a
array([[1, 2, 3],
       [4, 5, 6],
       [7, 8, 9]])
>>>
>>> # 访问第 1 行第 1 列的元素
>>> # （注意：索引从 0 开始）
>>> a[0,0]
1
>>>
>>> # 访问第 2 行第 2 列的元素
>>> a[1,1]
5
>>>
>>> # 取出第 1 列
>>> a[:,0]
array([1, 4, 7])
>>>
>>> # 取出第 1 行
>>> a[0,:]
array([1, 2, 3])
>>>
>>> # 取出第 2 列和第 3 列
>>> a[:, 1:3]
array([[2, 3],
       [5, 6],
       [8, 9]])
>>>
>>> # 取出第 2 行和第 3 行
>>> a[1:3, :]
```

```
array([[4, 5, 6],
       [7, 8, 9]])
>>>
>>> # 取出第 1 行，并赋给变量
>>> b = a[0]
>>> b
array([1, 2, 3])
>>>
>>> # 也可以使用数组访问元素
>>> # 依次取出数组 b 的第 3 个和第 1 个元素
>>> c = [2, 0]
>>> b[c]
array([3, 1])
```

此外，还可以像下面这样访问多维数组的基本属性。

■ 在 Python 交互式环境中执行（示例代码：A-9-4）

```
>>> # 创建 3×3 的多维数组（矩阵）
>>> a = np.array([[1, 2, 3], [4, 5, 6], [7, 8, 9]])
>>>
>>> # a 的维度。由于是矩阵，所以是 2 维
>>> a.ndim
2
>>>
>>> # a 的形状。由于是 3×3 矩阵，所以为 (3, 3)
>>> a.shape(3, 3)
>>>
>>> # a 的元素数。由于是 3×3，所以元素数为 9
>>> a.size
9
>>>
>>> # a 的元素类型。所有元素都是整数类型
>>> a.dtype
dtype('int64')
>>>
>>> # a 的元素类型变更为 float 类型
>>> a.astype(np.float32)
array([[1., 2., 3.],
       [4., 5., 6.],
       [7., 8., 9.]], dtype=float32)
```

A.9.3 | 数组的生成

NumPy 提供了大量的生成数组的方法。下面主要介绍本书中用到的方法。

■ 在 Python 交互式环境中执行（示例代码：A-9-5）

```
>>> # 生成拥有 10 个元素的数组
>>> np.arange(10)
array([0, 1, 2, 3, 4, 5, 6, 7, 8, 9])
>>>
>>> # 生成 3×3 的矩阵，所有元素的值被初始化为 0
>>> np.zeros([3, 3])
array([[0., 0., 0.],
       [0., 0., 0.],
       [0., 0., 0.]])
>>>
>>> # 生成 3×3 的矩阵，所有元素的值被初始化为遵循正态分布的随机数
>>> np.random.randn(3, 3)
array([[-0.31167908, 1.38499623, -0.67863413],
       [ 0.87811732, 0.5697252 , 0.28765165],
       [ 0.34221975, 1.72718813, 2.20642538]])
>>>
>>> # 生成 3×3 的单位矩阵
>>> np.eye(3, 3)
array([[1., 0., 0.],
       [0., 1., 0.],
       [0., 0., 1.]])
```

A.9.4 | 数组的变形

本书在卷积神经网络的实现中大量使用了矩阵的变形操作，这里对变形操作进行简单介绍。

■ 在 Python 交互式环境中执行（示例代码：A-9-6）

```
>>> # 创建拥有 12 个元素的数组
>>> a = np.arange(12)
>>> a
```

```
array([ 0, 1, 2, 3, 4, 5, 6, 7, 8, 9, 10, 11])
>>>
>>> # 变形为 3×4 的 2 维数组
>>> a.reshape(3, 4)
array([[ 0, 1, 2, 3],
       [ 4, 5, 6, 7],
       [ 8, 9, 10, 11]])
>>>
>>> # 变形为 2×2×3 的 3 维数组
>>> a.reshape(2, 2, 3)
array([[[ 0, 1, 2],
        [ 3, 4, 5]],

       [[ 6, 7, 8],
        [ 9, 10, 11]]])
```

对于多维数据，这个操作有些不太直观，所以请结合下面的图 A-12 来理解。

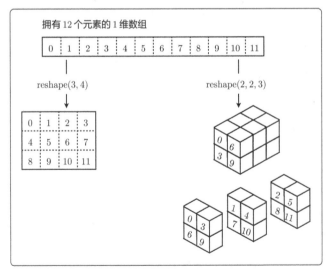

图 A-12

此外，本书中频繁用到了矩阵的转置，NumPy 中当然也提供了执行转置的方法。

■ 在 Python 交互式环境中执行（示例代码：A-9-7）

```
>>> # 创建3×3的矩阵
>>> a = np.array([[1, 2, 3], [4, 5, 6], [7, 8, 9]])
>>> a
array([[1, 2, 3],
       [4, 5, 6],
       [7, 8, 9]])
>>>
>>> # 转置a（利用".T"）
>>> a.T
array([[1, 4, 7],
       [2, 5, 8],
       [3, 6, 9]])
```

不过，".T"只能用来对 2 维数组，也就是所谓的矩阵进行转置。因此 NumPy 还提供了一个叫作 transpose 的方法，利用它就可以对 3 维或更高维度的数组进行转置操作。

■ 在 Python 交互式环境中执行（示例代码：A-9-8）

```
>>> # 创建3×3的矩阵
>>> a = np.array([[1, 2, 3], [4, 5, 6], [7, 8, 9]])
>>> a
array([[1, 2, 3],
       [4, 5, 6],
       [7, 8, 9]])
>>>
>>> # 转置矩阵（利用".transpose"）
>>> a.transpose(1, 0)
array([[1, 4, 7],
       [2, 5, 8],
       [3, 6, 9]])
>>>
>>> # 2维及更高维度的数组也能简单地转置
>>> a = np.arange(12).reshape(2, 2, 3)
>>> a
array([[[ 0,  1,  2],
        [ 3,  4,  5]],

       [[ 6,  7,  8],
        [ 9, 10, 11]]])
>>>
```

```
>>> # 将 3 维的 2×2×3 矩阵转置为 3×2×2
>>> a.transpose(2, 0, 1)
array([[[ 0,  3],
        [ 6,  9]],

       [[ 1,  4],
        [ 7, 10]],

       [[ 2,  5],
        [ 8, 11]]])
```

数组的转置就是交换数组的轴的操作。上面的矩阵转置的代码对 3 维数组进行了以下几个轴的交换。

- 第 3 维的轴变成了第 1 维的轴
- 第 1 维的轴变成了第 2 维的轴
- 第 2 维的轴变成了第 3 维的轴

对于 3 维数据，这个操作有些不太直观，所以请结合下面的图 A-13 来理解。

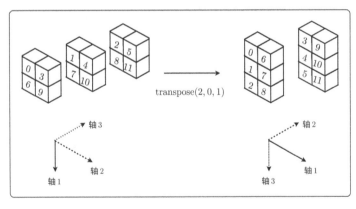

图 A-13

A.9.5 | 矩阵的积

NumPy 提供了一个名为 dot 的方法，用于计算向量的内积和进行矩阵的乘法运算。本书中主要用它来进行矩阵的乘法运算，这个 dot 的厉害之处在于它的计算速度。一般来说，矩阵乘法运算的计算量非常大，但是 NumPy

对其内部进行矩阵运算的库进行了优化，使得巨大的矩阵也能在可接受的时间内计算出来。

本书中的全连接神经网络和卷积神经网络的大部分运算是矩阵运算，所以如何能更快地进行矩阵的计算，直接关系到训练和预测性能的提高。使用 dot 能让我们更轻松地编写矩阵乘积处理的代码，除此优点之外，就像刚刚提到的那样，它在计算速度上也有很大的优势。

下面是 dot 方法的代码示例。

■ 在 Python 交互式环境中执行（示例代码：A-9-9）

```
>>> # 创建 2×3 和 3×4 的矩阵
>>> a = np.arange(6).reshape(2, 3)
>>> b = np.arange(12).reshape(3, 4)
>>> a
array([[0, 1, 2],
       [3, 4, 5]])
>>> b
array([[ 0,  1,  2,  3],
       [ 4,  5,  6,  7],
       [ 8,  9, 10, 11]])
>>>
>>> # 计算 a 和 b 的矩阵积
>>> np.dot(a, b)
array([[20, 23, 26, 29],
       [56, 68, 80, 92]])
```

A.9.6 广播

NumPy 中有一个功能用于数组元素间运算，称为**广播**。通常，NumPy 数组之间做运算时，数组的形状必须一致，但是在两个数组形状不一致却有可能调整为一致时，该功能就会先调整再进行运算。

文字的说明可能不容易理解，下面通过示例来演示这个功能。

■ 在 Python 交互式环境中执行（示例代码：A-9-10）

```
>>> # 创建 3×3 的多维数组（矩阵）
>>> a = np.array([[1, 2, 3], [4, 5, 6], [7, 8, 9]])
```

```
>>>
>>> # 把 a 的所有元素加 10
>>> a + 10
array([[11, 12, 13],
       [14, 15, 16],
       [17, 18, 19]])
>>>
>>> # 把 a 的所有元素乘 3
>>> a * 3
array([[ 3,  6,  9],
       [12, 15, 18],
       [21, 24, 27]])
```

这段代码在内部把 10 或 3 这样的数值当作 3 × 3 矩阵来处理，然后对每个元素进行运算（图 A-14）。

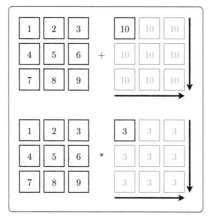

图 A-14

稍微提一句，这里的乘法运算不是矩阵的，而是每个元素的。这种对每个元素进行的运算被称为**逐元素**（element-wise）运算，矩阵的乘法运算与逐元素的乘法运算是不同的，这一点要注意。

此外，还有这样的广播方式。

■ 在 Python 交互式环境中执行（示例代码：A-9-11）

```
>>> # 分别把 a 的每一列乘以 2、3、4
>>> a * [2, 3, 4]
```

```
array([[ 2,  6, 12],
       [ 8, 15, 24],
       [14, 24, 36]])
>>>
>>> # 分别把 a 的每一行乘以 2、3、4
>>> a * np.vstack([2, 3, 4])
array([[ 2,  4,  6],
       [12, 15, 18],
       [28, 32, 36]])
```

　　这段代码在内部会像下面这样对数组进行扩展，然后对每个元素进行运算（图 A-15）。

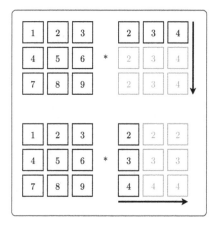

图 A-15